鳥取いなば 万葉牛「解体新書」

TOTTORI INABA MANYOGYU

ひたすらに、
和牛の美味しさを
追求する。

Pride 1

自分たちが管理できる数だけ、
好きになってもらった人だけに、
食べてもらいたい。
そのために私たちは、
惜しみない手間と
こだわりと、知識をもって
美味しさでこたえます。

美味しいの、「価値」を変える

Priority 2

いい肉は少しでいい。
そんな声がよく聞こえてきますが、
本当にいい肉は霜降りが
美味しくて箸が止まらない、
そんな肉。

そのため万葉牛は、
脂質と肉質を
より「良く」するために、
美味しさを突き詰め、
美味しいの「価値」を
変えていきます。

Priority / 02

独自の認定基準を設け、審査をクリアした商品のみが市場や指定登録店に出すことができるため、年間の流通量は決して多くはない。

Quality 3

毎日食べるものだから
毎日つくる。

限られた頭数で
管理しているからこそ
牛の体調を知ることができる。
その日の体調に合わせた
食事を与えることで
品質を維持しています。

Quality / 03

先代から受け継がれた独自のブレンドでつくられる飼料は、栄養と体調管理を考慮した組み合わせで万葉牛の体調を管理している。ミネラルを含んだ塩の量を雄用、雌用で分けるなど細やかな配慮がされている。

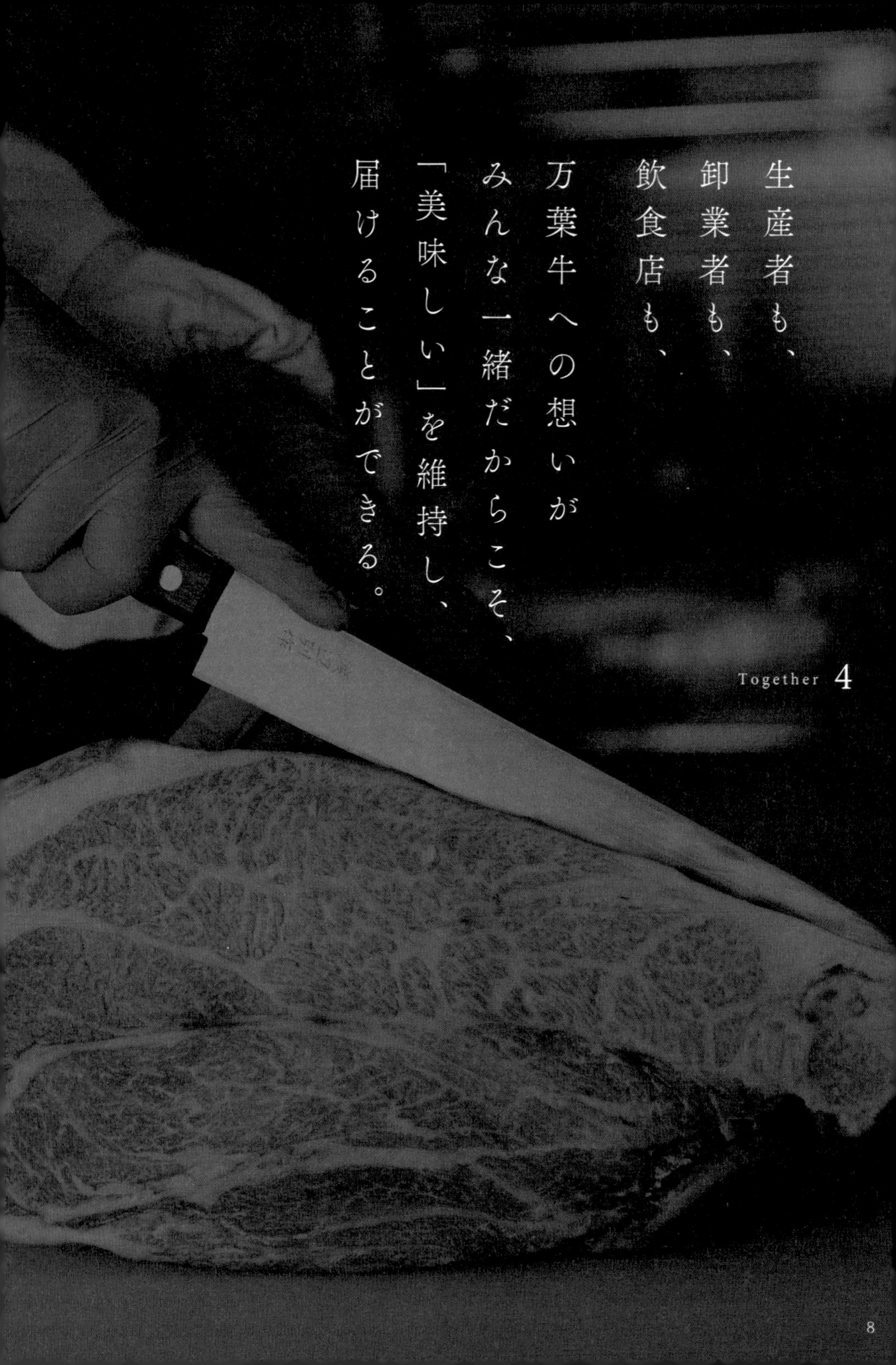

生産者も、
卸業者も、
飲食店も、
万葉牛への想いが
みんな一緒だからこそ、
「美味しい」を維持し、
届けることができる。

Together 4

美味しさを維持するためには
生産者と対等な取引を
行うことから始まります。
そして、万葉牛の美味しさを
伝えたい想いが、
生産者、卸業者、飲食店の
自信と誇りとなり、
消費者を巻き込み、
「四方よし」を実現しています。

Together / 04

生産者が常に「美味しい」に向き合い、卸業者が評価し、正当な対価を支払うことで、生産者の向上心と品質を維持することができる仕組みを継続している。

鳥取いなば万葉牛「解体新書」

TOTTORI INABA MANYOGYU

TOTTORI INABA MANYOGYU

序章

第1章　万葉牛を知る

第2章　つくり伝える人々

※万葉牛指定登録店とは

万葉牛を業態別で
定められた量を取り扱う店

○年会費制
万葉牛登録管理年会費：12,000円
(4月1日〜翌年3月末日)

発行方法　万葉牛生産流通組合より指定登録店の盾を貸し出し、購入していただいた万葉牛の証明書を発行(通常1部500円)。

第3章　万葉牛を食す

(都道府県順)　舌とハラミ 肉猿／やきにく穏和 つくば学園店／江戸焼肉／焼肉レストラン慶州／和乃肉華楽／焼肉料理 ひばち／焼肉うしなり／西麻布けんしろう／焼肉赤坂 えいとまん／キニクホルモン アイニク／肉次郎 御殿場／肉もん四条大宮本店／肉黒川 宇治本店／焼肉食道しんしん／小川亭とらちゃん／鳥取和牛大山 心斎橋本店／焼肉さん八／炭火焼肉 慶州館／肉「希々」／琵舌韻／創咲和楽つるぎ／terzo／リストランテ アンティーコ・アルベルゴ／焼肉ホルモン 髙木／NIKUZO 藤起／炭火焼き福ふく／国民宿舎 山紫苑／焼肉まんじゅう／お肉のはなふさ 賀露本店／花房精肉店／LA MAISON DE BLANCHE／料理 Nick／鳥取大学前店／焼肉屋 ぶる BULL／焼肉ちづや本店／焼肉韓食房 だんだん／焼肉ホルモン だんだん／嗜幸園／鉄板ふくもと／鳥取美食 こころび 末広通り店／旬彩 こころび／ラ・コルク／美食 Dining かくれんぼ／焼肉牛王 鳥取本店／ダイニング IRORI／炭火焼肉 あがりつき／やど紫苑亭／炭火焼肉 まほら／大将軍／焼肉一八／ホルモンちづや 倉吉駅前店／焼肉韓食房 だんだん 田和山店／焼肉牛王倉吉店／焼肉牛らしき窯と南イタリア料理 はしまや／焼肉有 -ARU-／焼肉ちづや 岡山店／焼肉 TERRACCE／カルビ屋慶／くびき／フレンチレストラン ソンスクレ／ポルタ・ロッサ／焼肉すどう 熊本本店／肉はる／肉割烹まさ岳／料理屋 そう

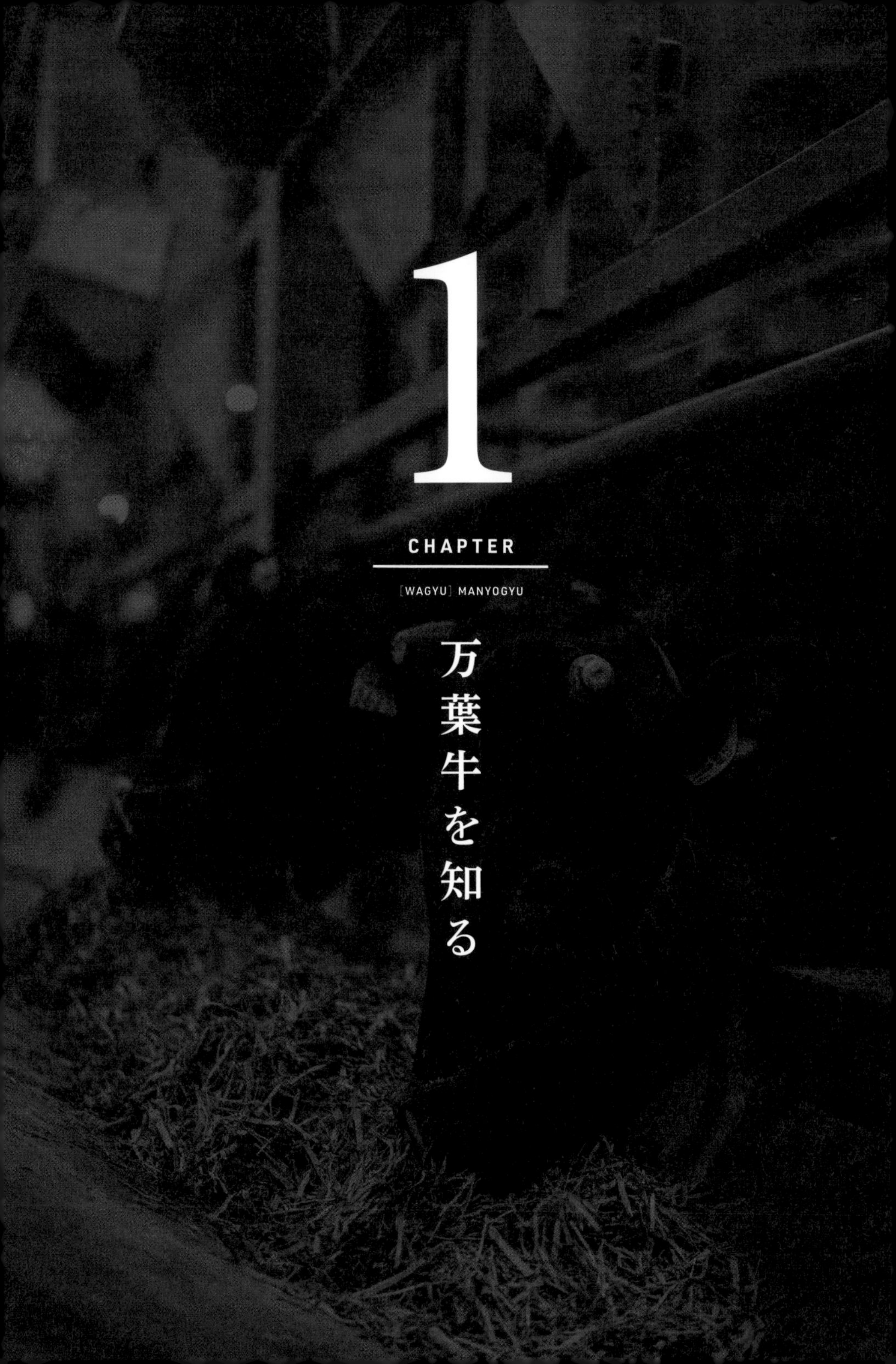

1

CHAPTER

[WAGYU] MANYOGYU

万葉牛を知る

ABOUT
MANYOGYU

万葉牛について

鳥取県は因幡地方で、
生産者と語り合いながら生まれた
「鳥取いなば万葉牛」は
旨みが強くあっさりと溶ける霜降り。
生産者たちは
「おいしい牛肉」の原点を忘れず
「おかわりしたくなる霜降り」を
共通の認識としています。
鳥取・因幡が生んだ
至極の逸品ここにあり。

鳥取で生まれた万葉牛

名峰大山や砂丘で知られる鳥取県。自然豊かな大地で育まれた鳥取県の和牛は、江戸時代から良牛が受け継がれてきました。万葉牛の指定生産者が肥育した和牛の中から、独自の認定基準をクリアし、全国の食通を唸らせる和牛、それが「鳥取いなば万葉牛」です。

万葉牛は脂の融点が低く、脂の旨味を持ちながら、あっさりと溶けていく口溶けです。冷やすと脂がしまり、常温でゆっくり溶けていく。それは、上質なバターに触れるような脂質で、くどさが少ないキレの良い脂です。

万葉牛の成り立ち

「株式会社はなふさ」の社長である花房稔氏が創業前に大手食品会社で働いていた頃、都市部では美味しい和牛が普及しているのに、当時の鳥取

の主流商品は輸入牛や乳牛、交雑牛ばかりという現実を目の当たりにしました。

そこで、鳥取県に美味しい和牛を根付かせたいという熱い想いを抱き、2005年に株式会社はなふさを立ち上げ、当時から牛づくりと味に定評のあった「谷口畜産」(鳥取市河原町)の谷口拓也氏を何度も訪問し、やっとの思いで牛を売ってもらうまで漕ぎつけました。それが「鳥取いなば万葉牛」誕生の発端となったのです。

「鳥取いなば万葉牛」の名前の由来は、大伴家持が万葉集の最後の歌を詠んだのが因幡の里(現在の鳥取県東部)だと言われているところから。万葉集のようにずっと語り継がれるようなブランド牛にしていきたいという想いから「万葉牛」と名前が付けられました。

「食べて感動する」和牛を追求

万葉牛の認定基準は、まず①鳥取県産の黒毛

和種であること、②肉質等級4以上であること。そして万葉牛指定生産者が出荷する枝肉の中から、万葉牛生産流通組合が認定した肉牛であることなど、数々の基準により厳選されています。

昨今の和牛は血統の改良と肥育技術の進歩で、短い肥育期間で肉量が多く取れ、霜降りが多く入る牛が増えました。ですが、万葉牛の生産者は「おいしい牛肉」の原点を忘れず、「おかわりしたくなる霜降り」を共通認識とし、脂質や肉質を良くする努力を日々重ねています。

現在、万葉牛の指定生産者は、鳥取県内の6農場のみ（2024年3月現在）。年間を通じて安定的に質の良い和牛を出品する生産者を固定し、その中からさらに厳選することで、品質を安定させることができ、その味わいがしっかりと守られています。これにより、万葉牛は全国の料理人に認めてもらえるようになりました。

万葉牛を肥育する農家たちが同じ想いで牛づくりをしていくために、定期的に生産者、卸業者、飲食

店で話し合う機会を設けているのも特徴の一つです。

万葉牛と信頼

今では日本全国に多くの万葉牛指定登録店が名を連ね、非常に高い評価を得ています。また、市場での品評会でも数々の実績をあげています。

指定登録店には牛ごとに認定証が発行され、個体識別番号から、血統や性別、生後日齢、生産者まで確認をすることができます。自分たちの品質に絶対的な信頼をもっているからこそです。

和牛本来の香りや味を守り続け、自分たちが本当に美味しいと信じる牛肉の生産を続けていく。そんな想いと愛情を持った生産者によって「鳥取いなば万葉牛」は今日も育まれています。

■万葉牛生産流通組合

○２０２１年４月１日　正式発足

○組合長　花房稔（株式会社はなふさ）

○副組合長　谷口拓也（谷口畜産）

万葉牛ブランド

MANYOGYU BRAND

純血但馬血統 万葉牛

純血但馬血統万葉牛は、肉味が美味しいと言われている兵庫県で生まれ育った但馬牛の仔牛を鳥取に導入し肉牛として育てあげた希少なものです。純血但馬血統は全国でも育てている生産者の少ない品種です。純血但馬血統の美味しさの秘密は持って生まれたオレイン酸の高さ、肉の味の指標の一つと言われる赤身の中のグリコーゲンの多さ、肉のキメや霜降りの細かさ、香りの良さにあります。現在は万葉牛指定生産者である谷口畜産から月2頭ほど出荷されています。入荷前からのオーダーが多く、指定登録店からの期待値の高い肉牛です。

鳥取いなば 万葉牛

鳥取いなば万葉牛の生産者は「おいしい牛肉」の原点を忘れず、「おかわりしたくなる霜降り」を共通認識とし、脂質や肉質をよくする努力を日々重ねています。指定生産者は鳥取県内で6件（2024年3月現在）のみ。指定生産の出荷した肉牛の中から基準をクリアした肉牛を「鳥取いなば万葉牛」としています。鳥取いなば万葉牛は脂の融点が低く、脂の旨味を持ちながら、あっさりと溶けていく口溶けです。冷やすと脂がしまり、常温でゆっくり溶けていく。それは、上質なバターに触れるような脂質で、くどさが少ないキレの良い脂です。

特別インタビュー

INTERVIEW × SHINYA KODAI

小代真也

手間とリスクの向こう側

良すぎない「良さ」。

PROFILE

小代真也 Shinya Kodai

2013年入社。その後、神戸営業所に配属され万葉牛の営業をスタートする。素牛である但馬牛に惚れ込み、独自のデータ分析に加え、畜産農家、飲食関係者との交流を広げて経験を重ね、生きた牛から血統や肉質を予測する。関西事業部事業部長、神戸営業所所長。

生きた牛の血統と
姿から肉質を予測し、
「肉の目利き」より奥の深層部を見る。
牛に魅了され、今なお探求を続ける彼に
その卓越した能力が培われた背景や
万葉牛の魅力を聞く。

顧客の一言をきっかけに 肉の探求がスタート

小代さんが、はなふさに入社されたきっかけはどんなことですか？

僕はもともと飲食業界にいて、はなふさの社長とはその時からの付き合いです。当時は西洋料理をしていたけど、家族ができて、始発から終電まで働く業界のサイクルに限界を感じて、やめることに。それで、自分の中の区切りをつけるためにイタリアに2か月間、家族で旅行しました。その時に、先輩たちからすすめられていたTボーンステーキを食べてみたけど、僕はいくら噛んでも呑み込めなくて。それを踏まえて、間違いなく日本の黒毛和牛は今後世界に出てくるだろうと思い、帰国後、はなふさの社長を訪ねて「僕を働かせてください」とお願いをしました。それが２０１３年のことです。

もともと牛や肉に詳しかったのですか？

いや、全然知らなかったんです。当然、そんな人間から、プロの人たちは買いたくないですよね。「プロの人たちよりプロになる必要がある」と、10年かかってここまできました。

失敗もたくさんありましたが、ありがたいことに人にすごく恵まれました。探求心の強い性格も、この業界に合っていたんでしょうね。この業界、好きじゃないと続かないです。畜産農家も肉屋も、やらされるだけ、つくるだけじゃ熱量は上がらないですから。

小代さんにとって、熱量が上がるような出来事があったのでしょうか？

正直、最初は万葉牛の価値がわかってなかったんです。会社から関西で万葉牛を売るように言われて、その当時の自分なりに一生懸命売ってはいました。でもお

客さんから「君が一生懸命万葉牛を売りたいのはわかったけど、どこまで上の世界を知っているのか」と言われて、自分がまったく知らないことに気が付きました。万葉牛以外の牛や、価値のある牛、世の中がどんなものに価値を感じているのかをわかっていなかったんです。そこで、もっと価値を見極められるようになりたいと思って、いろいろな産地の牛を扱わせてもらいました。

　その中で、谷口さん(谷口拓也さん:谷口畜産・鳥取県)は、「あの牛はどう良かったか」などいろいろな質問を投げかけてくれて、それに対して答えられる範囲で答えていきました。答えられない時は探求して、谷口さんともお互いに「こんな牛がいいんじゃないか」とすり合わせをして、そうして今があります。

程よい脂のフレーバーに 赤身肉本来の旨みが魅力

今だからこそわかる、万葉牛の価値を教えてください。

　端的に表すなら、トラディショナルな〝日本の古き良き黒毛和牛〟ですね。今のトレンドの牛って、脂肪に着目しがちで、オレイン酸が高いことは当たり前になってきていますが、僕はやっぱり牛の赤身肉が持つ味の部分に重きを置きたいです。僕自身がそういう牛が好きなのでね。だから、個人的には醤油とか、出汁とか、日本古来の調味料を使った牛鍋を一番おすすめしたいです。

　牛の脂は香り、フレーバーで、味は筋肉にある。味にリッチさを加えるのがフレーバーだけど、リッチが過ぎるとえぐみにつながる。全身ブランド物のファッションとかそうでしょ(笑)? だから過度なリッチじゃなくて、適度なリッチさがほしい。僕は〝良すぎない良さ〟って最近表現しています。

その視点にたどりつくまでに、どのような探求をされてきたのですか?

　もう趣味みたいなものですけど、導入した仔牛の個体識別番号や性別、生年月日、血統、日増体量(Daily Gain)、産歴などを表にして分析しています。こうしたデータの分析や経験、あとはお年寄りの人の「昔の肉はうまかった」っていう話も参考にしますね。昔の牛はよく運動していて、筋肉の味がしっかり出ていたんじゃないかな。

　僕たちは仕入れで枝肉を見れば、それが脂がちか、肉がちかわかるんですけど、屠畜前の段階からどんな肉になるかわかった方がいい。今言ったような探求を続けて、生きている段階の顔や体つきでどんな肉かわかるようになってきました。

牛の外見を見る時は、どの部分に注目するのでしょうか？

　僕個人としては、体型と味が比例する部分はあると思っていて、小顔で細い骨につくふくよかな体型が良いですね。頭のハチの締まりが良くて、鼻筋が長すぎなくて横顔美人とか、他にもいろいろ見ています。

　血統はすごく大事だけど、血統がすべてではなくて、いい具合に裏切ってくれることもあるんです。農家さんと仔牛の相性もあるしね。その中で、僕が今注目しているのは産歴。初産は体重が乗らなくて、2産目、3産目の仔牛がベストとは言われるけど、10産超えている牛に〝良すぎない良さ〟があるんじゃないかと。産歴が多い牛は弱いこともあって肥育農家さんは手間がかかるからお勧めはしていないけど、手間とリスクの先の向こう側があると思うんです。

飽和する時代にあっても光る情報価値を

「手間とリスクの向こう側」とは、興味深いお話ですね。

　今は、サシが入りやすい、ロースの形が綺麗、短期間で大きく育つ牛を育てることが農家さんの幸せだっていうセオリーがあるし、実際にそういう時代だとも思います。でも、それがどこでも買えるようになると消費者はワクワクしないし、どこにでも売っているなら価格が安い方に流れてしまいます。

　だけど、牛に限らず、さまざまなモノが飽和している世の中でも、独自性や、対価に見合うか、それ以上の体験があれば、経済性は後からついてくるはずです。それで、兵庫県の純血但馬血統なんだけ

ど、これは絶滅の危機を乗り越えて純血を守り続けているんですね。純血を守るのってとても大変なことで、血縁関係が濃くなると遺伝病も出てくるし、手間やリスクがかかる。でも、その向こう側にしかたどり着けない肉の味が確かにあるんですよ。だから経済性も大事だけど、〝基礎知識をきちんと伝える〟って言ったらいいのかな。情報価値も必要だと思うんです。

独自性やストーリー性も価値につながるわけですね。

そう。だけど、生産者サイドや僕たち流通サイドがどれだけ良い牛かわかっていても、お店になかなか伝わらない現実がありました。だから、これはお店も巻き込むしかないなと思って。お金のつながりは希薄になることはわかっていたから、〝好き〟を共感する仲間を作ろうと考えたわけです。

　僕が普段、営業活動をしている兵庫県には、牛飼いの知識や技術がとてつもない人たちがいます。たとえそこは敵わなくても、僕は兵庫の人たちよりも但馬牛を好きになって、全国のユーザーさんと共有したら、おもしろいことができるんじゃないかと思ったんです。

「好き」を共有する共感者を増やしたい

具体的に、どのような取り組みをされたのですか？

　但馬牛が絶滅しかけた話をしましたが、明治時代、それまで農耕用だった牛を食肉用に大型化しようと、外国種との交配が進みました。でも但馬牛の場合は、気質が変化するなどして失敗した。そこで、やっぱり純血種に戻そうとしたけど、その時にはいなくなっていたんです。だけど、人里離れた山の中で、奇跡的に交配を免れた純血種がわずか4頭残っていた。その場所が兵庫県美方郡香美町小代区の最奥にある熱田集落です。鳥取県の若桜町との県境に近い標高７００mの車も入れないような山奥で、今はもう廃村なんだけど、ここなら改良も免れただろうなと納得できる、すごく神秘的なところです。

　それで、その場所に行ってこの気持ちを共有したいと、繁殖農家や肥育農家などの畜産関係者や、飲食関係者に声をかけて、みんなで行ったんです。その評判が良くて、だんだんと輪が広がって1年目は15人、2年目は30人、次回は70人ほどで行く予定です。

現地でイベントか何かをされるのですか？

　特別なことをするわけじゃないけど、最後の住民の方と山道を登って集落を訪ねるんです。どんな場所で牛と向き合って牛が飼われて、そして廃村になったのかっていうのを体感できることが、このツアーの醍醐味だと思います。最初は僕の趣味の延長で始まったような感じですが、結果的に、参加者の人たちにとっては、消費者の方に伝える言葉に重みが付きましたね。

今後はどのような展開を考えていますか？

　共感者を増やしていきたいですね。今は野菜などもそうですが、生産者に直接買い付けている飲食店も多くなっています。今後、肉も同じ方向性をたどると考えると、全ての販売者の人柄が重要になってきます。

　繁殖農家、肥育農家、流通、使用店舗様と連なり、皆さんの人柄が掛け算になって、結果として大きな数字、経済性が付いてくると思っています。掛け算だから、人格が0の人間がいれば、合計は0。だから、最終的にはやっぱり人なんですよ。どんな風に人とのつながりを持つか、それに尽きると思います。

質問に答えてくれるプロフェッショナル

鳥取県畜産試験場・
肉用牛研究室長
小江敏明
Toshiaki Oe

福岡県生まれ。現在鳥取県畜産試験場にて、和牛の育種改良、和牛の美味しさを専門分野に研究を続ける。現在は、畜産試験場で、仔牛育成などの和牛の飼養管理に関する研究を行っている。

TOPICS

LEARN ABOUT WAGYU BEEF FAT

和牛の旨みを知る

Q

和牛はなぜ美味しいの？

ANSWER

牛肉の美味しさと脂の関係

牛肉の美味しさを構成する要素は、味や香り、食感、外観などがあるが、脂肪の質もまた深く関係している。和牛の9割を占める黒毛和種には、大きく分けて「但馬系（※1）」「藤良系」「気高系（※2）」の3つの系統があり、その中で、兵庫の「田尻号」を祖先とする但馬系と、鳥取の「気高号」を祖先とする気高系の遺伝子には、脂肪の質が良い特徴が出やすい。

脂肪の質の良さのカギを握るのは、牛肉脂肪中に含まれるMUFA（一価不飽和脂肪酸）のひとつ、「オレイン酸」だ。オレイン酸は、オリーブオイルなどに多く含まれる成分。融点は16度と低く、オレイン酸を50〜55％含む脂肪の場合、融点は30度を下回るので人の体温で脂が溶けて口溶けが良く、あっさりとした脂でくどさを感じにくい。一方で、含有量が多くなりすぎると、今度は熱を加えた際に脂が溶け逃げて肉がパサついてしまうため、55％程度が肉と脂との一体感を味わえるベストなパーセンテージとされている。

また、サラダにオリーブオイルをかけると味が引き立つように、オレイン酸は口溶け以外に肉の風味にも関係する。和牛の旨味の元で、赤身部分にある成分「アミノ酸」「イノシン酸」は、それら両者間においても旨味の相乗効果が起きるが、オレイン酸リッチな和牛肉の場合、口の中で溶けた脂と合わさってもともとの旨味にさらにコクや深みが加わり、旨味のグレードが上がることで肉全体の風味が際立ってくる。このため、オレイン酸が含まれる量を全面的に打ち出したブランドも誕生していて、鳥取県の気高系のブランド和牛「鳥取和牛オレイン55（※3）」もそのひとつだ。

脂肪の質の良さは基本的に血統で決まり、但馬系、気高系ともに、遺伝子が濃くなるとオレイン酸が多く含まれることが研究で明らかになっている。飼育環境や飼料によっても多少の影響はあるが、こちらは脂肪量のコントロールと関わりが深い。また肥育期間と脂の質の関係性については、若すぎる牛よりも、長く肥育された牛の方が口溶けの良い脂になることがデータ的にわかってきており、昔から牛肉業界が経験的に「月齢が長い牛の方が脂が良い」と認識されてきたことと一致している。

ANSWER

万葉牛の美味しさの秘密

また、牛の性別も重要な要素だ。人間でも、男性と女性の体型を比べると、男性は筋肉質で角ばっているのに対し、女性は皮下脂肪が多い丸みのある体型をしている。牛にも同じことが言えて、雌牛の方が皮下脂肪が多くて柔らかく、肉質がきめ細かい特徴があり、雄牛は皮下脂肪が少なく肉質が硬めだ。このため食肉として食べられる雄牛は、生後すぐに去勢することで、脂肪がつきやすくなり雌牛の肉質に近づけられている。また、雌よりも雄の方が体が大きく育つので利益を得やすく、市場で取引されるのは去勢牛が中心だ。

しかし、やはり脂の質や肉のキメ細やかさは雌牛（未経産）には適わないため、万葉牛は肉質や脂の質にこだわった雌牛（未経産）を中心に出荷している。さらに万葉牛は、血統にもこだわっており、但馬系の入った血統構成を大事にしている。万葉牛はオレイン酸をはじめとするMUFAを多く含み、キメ細やかでしまりのある肉質を持つ。肉のキメとは、つまり筋繊維のこと。牛の場合は、大きく分けて「遅筋」と「速筋」の2種類の筋肉があるが、「遅筋」の方が筋肉の繊維が細かく、雌の方がその割合は多いことがわかっている。

但馬牛は和牛の改良が全国規模で進んでいる中、唯一県外の牛を導入せずに自県のみで改良を進めている兵庫県独自の黒毛和種である。「遅筋」の割合が多いと考えられており、小型だが良質な筋繊維を持ち、脂の質も良いことから、赤身と脂の旨さの絶妙なバランスを持つ。

万葉牛は、このようにこだわりを持った牛を丁寧に時間をかけて飼育することで、これらのポテンシャルを最大限に引き出す。さらに生産者、はなふさ、飲食店が互いに顔の見える関係性を築き、消費者の生の声が生産者にフィードバックされる仕組みだ。こうしたさまざまな要素が絡み合い、万葉牛の美味しさは日々進化している。

但馬系［たじまけい］

兵庫県美方郡生まれの「田尻」号、「茂金波」号をルーツに持つ系統。現在の黒毛和種の99.9%以上が「田尻」号の子孫である。小ぶりだが、霜降り能力が高く、コザシでモモ抜けも良く脂の質も良い。

気高系［けたかけい］

鳥取県気高郡生まれの「気高」号をルーツに持つ系統。兵庫県以外の和牛のほぼ全ての和牛に気高の血が入っている。早熟で増体の良い温厚な性格であり、大きくなるため肉量も取れる。脂の質も良いが、やや粗ザシ傾向にある。

鳥取和牛オレイン55

「気高」号との血縁を有するもののうち、肉質等級4等級以上であり、さらにオレイン酸含有率55%をクリアしたもの。認定頭数は年間約500頭程度であり、貴重。食べた時の脂の口どけの良さが特徴。

鳥取いなば万葉牛の認定基準

MANYOGYU
CERTIFICATION STANDARDS

◉ 品種　　鳥取県産の黒毛和種

◉ 格付　　肉質等級4以上

◉ その他の基準　　因幡和牛専用出荷履歴のある肉牛。
万葉牛生産流通組合の組合員であり、
鳥取いなば農協に出荷された肉牛。
万葉牛指定生産者が出荷する枝肉の中から、
万葉牛生産流通組合が認定した肉牛。

◉ 認定書　　鳥取いなば万葉牛を仕入れていただくと
認定書（カードタイプとA4用紙サイズの
２種１セット）を１部500円で発行する。
指定登録店は無償発行。

純血但馬血統万葉牛の認定基準

◉ 品種　　純血但馬血統の素牛を肥育した黒毛和種

◉ その他の基準　　鳥取いなば農協に出荷された肉牛。
指定生産者が出荷する枝肉の中から、
生産流通組合が認定した肉牛。

◉ 認定書　　純血但馬血統万葉牛を仕入れていただくと
認定書（カードタイプとA4用紙サイズの
２種１セット）を１部500円で発行する。
指定登録店は無償発行。

2

CHAPTER

[WAGYU] MANYOGYU

つくり伝える人々

特別対談

MANYOGYU SPECIAL INTERVIEW

百年後の未来のために

「鳥取にも、全国に誇れるブランド和牛を」。20年前、たった2人の熱い思いから誕生した万葉牛。その生みの親、はなふさ社長・花房稔と谷口畜産・谷口拓也がこれまでの歩みと、未来を語り合う。

花房　拓也くんとは、もう20年くらいの付き合いになるのかな。はなふさを立ち上げた当時の地元の和牛は、お客さんから「美味しくないんでしょ」って言われるくらい評価が低かった。これはブランディングに相当

PROFILE
花房稔
もともとは大手食品メーカーに勤務ていたが、都市部では美味しい和牛が普及しているのに対し、地元である鳥取は輸入肉が主流で和牛が扱われていなかったことから、鳥取にも和牛を普及したいと一念発起して2005年に株式会社はなふさを創業する。
MINORU HANAFUSA

時間がかかるなと感じたけど、だったら本当に良いものだけをブランディングしようと思って、それで当時から良い牛を育てるって評判だった拓也くんを訪ねた。

谷口　当時、鳥取に良い和牛がなかったわけじゃないけど、みんな関西に出荷されていましたからね。我々にとっても関西に流れることは当たり前で、地元を目指して牛をつくるっていう考えはなかったです。あくまで生産地であって、消費地ではなかったので。

花房　20年前は、地元で高い牛肉を食べる文化がなかったもんね。焼肉屋にしても、スーパーにしても、高級な牛が並ぶことはなかった。だけど、中には地元の良い肉を提供したいっていう飲食店もあって、そういうところからの問い合わせが大きなきっかけになった。拓也くんの牛は、すでに当時の自分が目指すレベルのマックスに到達していたから、「まずはそれをください」っていうところから取引が始まってね。

谷口　うちの牛をちゃんと売りたいって想いが伝わって、販売を委ねることにさせていただきました。「万葉牛」のブランド名もつけていただいた。最初は1、2頭

TAKUYA
TANIGUCHI

PROFILE

谷口拓也

鳥取県生まれ。父が畜産業を営み、子どもの頃から牛が身近にいる環境で育った。谷口畜産では豊かな自然に囲まれた青谷と河原の農場を持ち、仔牛から肥育を手がけて出荷する一貫経営を基本とし、血統を吟味し、丁寧に飼育して質の高い和牛を作り出している。

買ってもらっていたのが、今は全頭を取扱いしてもらうまでになりました。この20年、牛をとりまく環境は変化しているけど、その中でも成長できているのは社長のおかげだし、時代の先を見ながら、使い手、食べ手の喜びにつながる牛を探求し続けていますよね。

花房　20年前は全頭買いできるほどの力がなかったけど、良い素材があったからこそお互い成長できた。「万葉牛」っていうブランド名は、県東部の牛農家は、大きく育てるよりも中身が詰まった牛を育てる人が多いし、東部の気候の中で育ったイメージと、因幡は万葉集の最後を飾った大伴家持の歌が詠まれた場所というのがリンクしている。

当時は霜降りの5等級の肉が珍しい時代だったけど、拓也くんはそういう牛を育てることができる上に、特に脂の質が良いから、それに見合ったブランド名を付けたかったんだよね。

谷口　うちの場合は、親父の代から味にこだわっていて、自然と脂の質が良い牛に仕上がる環境がありましたから。でも、20年前の5等級と、今の5等級はまた違

いますよね。当時は市場に出る牛の6〜7割が3等級、5等級は1割にも満たないほどだった。今は品種改良が進んで、7割ほどが5等級ですから。

花房　やっぱり育て上げた牛はちゃんと美味しかったよ。「霜降りは高くて美味しい」っていう文化が根付いているけど、今の5等級は脂で胸やけしやすいから「良い牛はちょっとで満足」なんて言う。そんな言葉、昔は聞かなかったよ。でも、今の5等級を否定するわけじゃないんだよね。牛の値段は競りで決まってしまうから、生産者のコントロール外。餌代とか原価なんて関係ないし、霜降りの牛が高く売れるなら、生き残るためにみんなそっちに行くのは当たり前。この20年、BSE問題もあったし、飼料代も年々上がる中で、こだわっている生産農家が廃業するのをたくさん見てきたからね。

谷口　経済性を考えたら、一概にダメとは言えません。国も、霜降りを入れることと、肥育期間をできるだけ短く、より大きく育てるように品種改良を進める方針をずっと取ってきましたから。食べるエサは一緒で早く大きく育つなら、そっちの方がコストはかか

らないし、より大きく育った方が利益は上がる。例えば1kg 2000円として、400kgに育つ牛と、600kgに育つ牛なら、大体の人は600kgを育てますよ。ただ、今の和牛が和牛らしいかというと、僕は「うーん」となってしまう。

花房　そうなんだよね。やっぱり、核になるべきは「美味しさ」。だけどそこにこだわると生産農家が立ち行かなくなるのが今までの流れだった。だから、肉屋は農家にも、消費者に対しても責任を持って、全員が笑顔になれる循環をつくらないといけない。農家さんもすごく大事だし、お客さんが「美味しかった」と喜ぶ最後の言葉まで責任がある。お客さんが本当に求めているものと、肉屋が売る牛はイコールじゃない。それは従業員にも伝えているところ。

谷口　牛の屠畜から見せるはなふさの社員教育は本当にすごいと思いますよ。購入してもらった飲食店の人も、牛舎に見学に来ていただける。牛が育っている現場からお客様に食べていただく瞬間までが物語になっている。

花房　私らは伝える側の人間だから、農家さんがせっかく良いものをつくってくれたら、それをきちんと伝えられるようにならないといけない。そうすると、牛を知るところからスタートする。全部の社員に伝わっているかというと、そうともいえない部分もあるんだけど、農家さんも、肉屋も、お客さんも、全員が笑顔になれる良い循環が回り始めているなとは思うよ。

谷口　僕は「この値段で売りたい」って希望価格を言えるんですけど、これは農業の世界ではほぼあり得ない。でも実際に、まず希望価格があって、それを飲食店に理解していただいて、そこで食べた人が感動してまたリピートして……っていう流れができている。だから、生産、流通を追求することで、みんなが幸せになれるのではないかと思っている。

花房　自分だけが幸せになろうとすると回らないからね、これが。だから少しずつ一緒にできる人を増やして、幸せの範囲を広げてきた。そうしたら、みんな一緒に笑顔で飯が食えるようになった。「この間のあの肉、うちも欲しかったんだ」なんて言い合いながらね。この関係を守るためにも、肉屋は飲食店に責任を持ってバトンを渡して、飲食店はお客さんにバトンをつながないといけない。肉屋がいい加減なバトンを渡したら、この循環が成り立たない。

谷口　社長をはじめ、認めてくれる人たちがいるから僕らも美味しさに特化した牛づくりに全力を注げています。やっぱり、値段がつかなかったら難しいと思いますよ。しかも、普通は市場に出荷したら終わりなのに、万葉牛はどこに売られたかわかるシステムだから、お客さんの顔が見える。食べられるところまで物語が続くから、自分たちもより一層、責任を持って全

2010年に賀露本店で、谷口牛として
農家の名前を全面に出し販売していた。これが今の万葉牛に繋がる ▲

力を注いで牛を育て上げようとなりますね。

花房　普通、育てた牛がどこで食べられているかなんて農家さんはわからない。そこがわかるっていうのは、万葉牛の特徴だよね。だから肉に対して、みんなが責任を持って育てている。万葉牛の生産農家は「この人なら大丈夫」っていう人に入ってもらっているけど、農家ごとの味のブレが本当に少ないからすごい。

谷口　産地ブランドの和牛って、農家によって本当に味が違いますからね。万葉牛も、たしかに違いはあるんだけど、ブレの幅がすごく狭い。最初は社長と僕の2人だけで始まって、だんだん仲間が増えていって、みんなもともと信頼のおける農家なんだけど、年々意識が高くなっていると感じます。やっぱり、美味しさを軸に牛をつくることに、やりがいを感じているんだと思いますよ。

花房　霜降りが悪いっていうわけじゃないけど、今のサシで真っ白な肉は、脂の味しかしないからちょっとしか食べられない。大事なのは美味しさであって、赤身と霜降りが調和してるかだよね。拓也くんたちは、そ

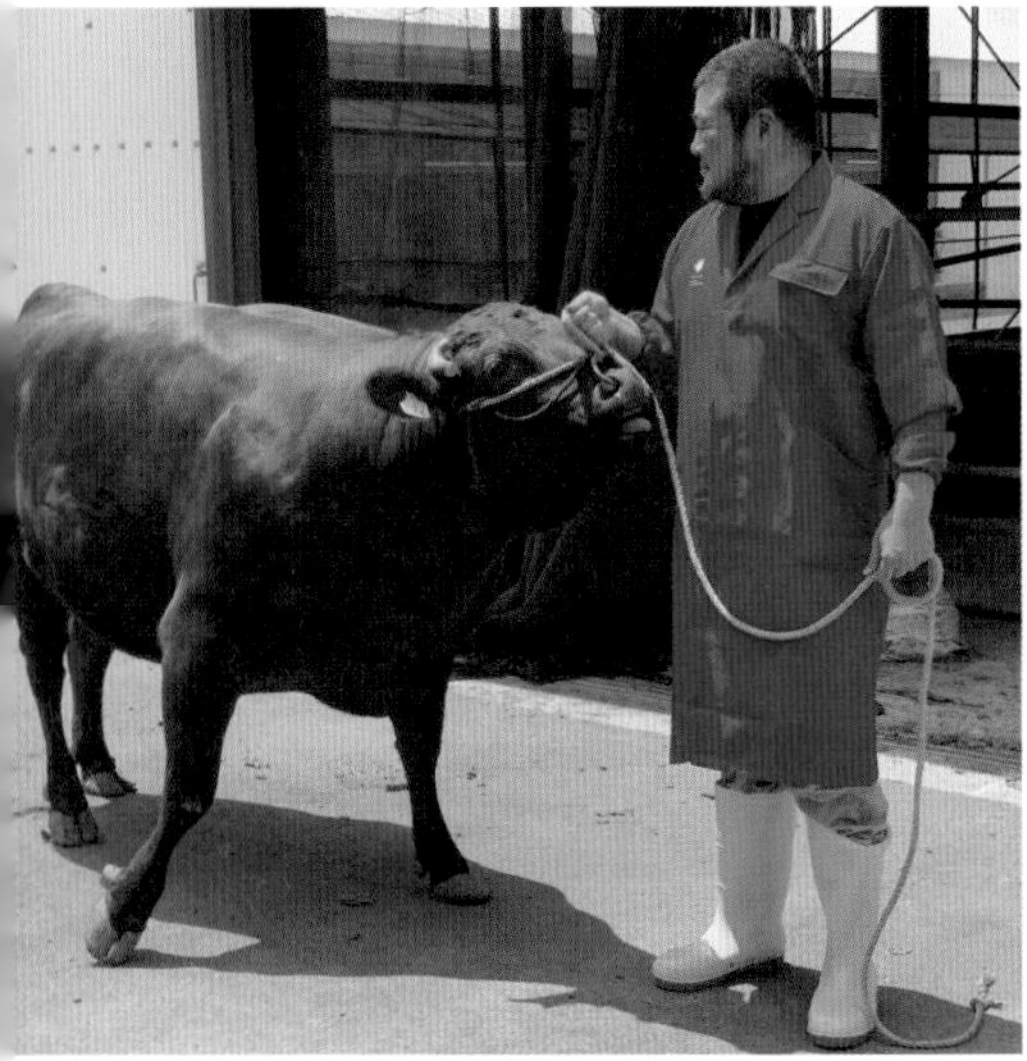

ういう牛をつくってくれている。特に、但馬牛は他の和牛と違ってもともと肉の味があって、きめ細かいから、そんなに霜降りがなくていいんだよね。

谷口　但馬には但馬の良さがあって、まずその牛が持つ能力を健康な状態でどれだけ引き出してあげられるかですね。霜降りだけをゴールにしていないし、赤身だけの肉をつくろうとしているわけでもない。育てた先に霜降りも入るんだけど、程よく自然に入った霜降りは赤身と調和して本当に美味しいですから。

花房　こういった、私らの考えを共有できる人たちとこれからもつながっていきたいね。万葉牛の指定店も、今は北海道から沖縄まで全国に広がった。銀座の一等地にもある。最初の頃に、拓也くんと2人で「いつか銀座の一等地に……」って、いろんな夢物語を語ったけど、やっぱり夢は常に持たないといけないし、語るから現実になっていく。１００年後の未来に、万葉牛をトップブランドにしたいと考えていて、そのためにも生産者は増やしたいけど、闇雲ではだめ。同じ思いを共有できる仲間が自然体で増えてくれるのが理想の形だよね。

万葉牛指定生産者

谷口畜産

代　表	谷口 拓也
住　所	鳥取県鳥取市河原町小畑36-1
設　立	平成28年

農場所在地

いかり原農場	鳥取県鳥取市青谷町早牛616-1-2
肥育頭数	河原(本場):130頭 いかり原農場:300頭

「谷口畜産」では自社農場で仔牛から肥育を手掛け出荷する一貫経営が基本で、自分達が食べて美味しいと思った血統を吟味し、肉質、脂質、風味が良く、餌をよく食べる健康な牛をうまく交配させ常に牛の改良を行っています。コスト削減や飼料効率を追うのではなく、飼料を自家配合する事で一頭一頭の牛の体調に合わせた餌の微調整をし、牛が健康で育つ事で生まれる本来の肉の味、風味を追求し続けています。

生産者同士で切磋琢磨していける

万葉牛指定生産者　**山下　剛**

YAMASHITA Tsuyoshi

牧場の特徴

昭和40年代、祖父の代から続く農家です。兄である自分と、弟・晃の代で鳥取和牛の繁殖と育成を始めました。弟が繁殖を担当し、自分が肥育を担当と、繁殖から肥育まですべて自分たちでやっています。完全一貫生産のため、家畜市場から仔牛を導入することはほとんどありません。牛舎は、4頭がきちんと顔が並ぶように広くとっています。

万葉牛との出会い

谷口さんとつながりがあって親睦を深めていき、2018年の組合結成時に加入しました。ほかの生産者さんと農場の規模などそんなに大きく違いもなく環境も似ているため、生産者同士で切磋琢磨していけるのではと感じました。谷口さんやほかの農家の方を目標にしています。

万葉牛を育てる際のこだわり

牧草と配合飼料を試しながら与えていますが、今でも試行錯誤しています。薬はなるべく鳥取県産に

こだわって使っています。繁殖の餌はセサミヘルスフィード（ごま油カス、大豆かす、ふすま、とうもろこし）。餌に慣れさせるため、繁殖の親と同じ餌を仔牛にも食べさせるようにしています。仔牛は4か月で離乳しますが9か月目ぐらいまで育成して、そこから肥育牛舎に移動させています。

また、メスとオスで餌の内容を分けています。メスのほうが脂が付きやすいので、高タンパク低カロリーな発酵飼料をメインに使っています。去勢は骨格が大きいので、エネルギー不足にならないように割合を変えながら与えています。発育に合わせて餌の配合割合を変えるなど気をつかっています。

万葉牛指定生産者

山下畜産

代　表　山下 晃
住　所　鳥取県東伯郡北栄町亀谷1884
設　立　平成26年

農場所在地

所 在 地　鳥取県東伯郡北栄町亀谷1884
肥育頭数　繁殖：92頭
肥育：185頭

肥育の餌やりは自分自身でしています

万葉牛指定生産者 **上島 拓馬**

UESHIMA Takuma

牧場の特徴

創業者の父がほぼ手作り（木造）で牛舎を作ってきました。溶接して柵も作ったり、壊れれば自分たちで修理もします。一番古い牛舎は30年前に手作りで建てました。風通しがいい牛舎にしていて、日差しも当たりやすくしています。

菊丸ファームでは繁殖もしており、一貫経営です。

万葉牛との出会い

万葉牛との出会いは、２０１７年に谷口さんに誘われたこと。指定生産者に誘われて、二つ返事で入ることにしました。肥育の餌やりは自分自身でしています。肉味、脂質ともにバランスよく育つようにしており、谷口さんにアドバイスをいただきながら肥育しています。最近谷口さんから「牛が良くなった」と言われました。

万葉牛を育てる際のこだわり

餌は地元ＷＣＳ（飼料米）とおからを使っています。トウモロコシ飼料に地元産のコメを配合し、繋が

りのあるお豆腐屋さんと、湯葉屋さんからおからを仕入れて、自社のミキサーで毎日攪拌《かくはん》して餌を作っています。水分が多いので食欲が増幅されます。その他、酒粕、米ぬか（日本酒を作る時の廃棄物）、しょうゆ粕、豆皮（大豆の皮）、これらは胃の調子が良くなります。粗飼料が高いので、稲をサイネージした試料をあげてみたり試行錯誤しています。

おからは昔からこだわって使ってきましたが「やめたほうがいい」と言われたこともあります。それでもやめなかったのは、今のやり方（エコフィード）でいい牛をしっかりつくってみたいという思いがあるからです。

万葉牛指定生産者

菊丸ファーム

代　表	上島拓馬
住　所	鳥取県鳥取市上原860
設　立	平成7年

農場所在地

所在地	鳥取県鳥取市上原860
肥育頭数	肥育牛：160頭
	赤牛：数頭
	経産牛：100頭

肉味にこだわって牛づくりをしています

万葉牛指定生産者 **岸本 真広**

KISHIMOTO Mahiro

牧場の特徴

うしぶせファームは父親が始めて35年以上になり、自分は2代目になります。本場は一貫生産をしているため、繁殖牛も肥育牛もいます。繁殖農家から素牛(もとうし)を買うこともあります。

床に敷くために地元産の智頭杉のおがくずを製材所からもらってきています。香りも良いし、ストレスを与えない効果があると思っています。

万葉牛との出会い

２００８年に谷口さんを通して「はなふさ」さんを紹介していただきました。生産流通組合の指定生産者さんやはなふささんと会話する過程で、美味いい肉をつくるために試行錯誤や、サシが入り等級が高くなる牛をつくるばかりではなく肉味にこだわって牛づくりをするようになりました。万葉牛生産流通組合で行われた会議の中で大阪営業所の島田さんに牛の方向性について指摘されたことで、サシにそこまで固執せず、旨い肉を作っていく方針を決めました。そのため谷口さんに相談などをし、日々旨い肉を作るために努力しています。

万葉牛を育てる際のこだわり

万葉牛の餌やりは、谷口さんと同じ飼料用米ソフトグレインサイレージ（ＳＧＳ）を使っています。麹菌や米、乳酸菌関係を混ぜ込んで与えるなど、腸活をしっかりと意識しています。谷口さんと同じ餌にしてから、味のブレが少なくなったように思います。

その他、臭いによるストレスが病気の原因にもつながるため、臭いがこもらないように風通しを良くするなど、常にいい環境にすることに細心の注意をはらっています。風通しといっても牛に直接風を当てるとよくないので、空気の流れにも注意をはらっています。

万葉牛指定生産者

うしぶせファーム

代　表	岸本真広
住　所	鳥取県八頭郡智頭町大字智頭1344-4
設　立	平成29年

農場所在地

本　場	鳥取県八頭郡智頭町大字智頭 1344-4
青谷いかり原牧場	鳥取県鳥取市青谷町早牛 616-2
肥育頭数	本場:70頭／繁殖牛 50頭 青谷いかり原牧場:100頭

万葉牛指定生産者 **川北 誠一郎**

KAWAKITA Seiichiro

牧場の特徴

およそ十数年前にはなふささんから声をかけていただき、万葉牛の育成を始めました。仔牛の繁殖から肥育まで一貫経営を行い、夫婦二人で一頭一頭愛情込めて育てています。

また、谷口畜産さんと牛舎の距離が近く、餌の情報など日々さまざまな情報を共有しながら育成を進めています。

万葉牛指定生産者

代　表　川北誠一郎
住　所　鳥取県鳥取市河原町北村672-4

農場所在地　鳥取県鳥取市河原町北村672-4
肥育頭数　約30頭

伊藤畜産

万葉牛指定生産者 **伊藤 夏日**

ITO Natsuhi

牧場の特徴

牧場を経営する家庭に育ち、物心つく頃から牛がいる環境で育ちました。先代から引き継ぎ、沢山の先輩方、仲間から教えをいただき、研究を重ねた結果、現在があります。万葉牛は、約十数年前にはなふささんから声をかけていただき、育成を始めました。現在は霜降りの追及ではなく、より安全で健康的な味の深い赤身のお肉の生産を心がけています。私自身が健康に気をつかった生活をする中で、牛たちも健康的な食事、環境で育てたいと考えるようになりました。

万葉牛指定生産者

株式会社 伊藤畜産

代　表　伊藤夏日
住　所　鳥取県鳥取市青谷町亀尻62

農場所在地　鳥取県鳥取市青谷町亀尻62
肥育頭数　約10数頭

3

万葉牛を食す
指定登録店

HANAFUSA × AIDOUEN

MANYOGYU SPECIAL INTERVIEW

美味しさを伝えるために

株式会社はなふさ 統括本部長

中山直己 Naoki Nakayama

2012年入社。県内外の取引先開拓を進め、現在は統括事業部長として飲食店の営業活動から会社経営まで幅広く携わる。SNSを活用して積極的に万葉牛の情報を発信し、SNSから新規契約が決まることも珍しくない。単に肉を売るのではなく「物語を売る」ことを心がける。当書籍の企画発起人。

焼肉「愛道園」店主

金光真吾 Shingo Kanemitsu

昭和30年創業の倉敷市の焼肉店「愛道園」の三代目。イタリアンのシェフを経て、2006年頃から母を手伝う形で愛道園に入る。2017年に店舗の全面リニューアルを行い、谷口拓也氏の万葉牛をメインに扱い、今までにない新しいメニュー開発にも積極的に取り組む。

7年前、万葉牛が県外に
進出するきっかけになった
岡山県倉敷市の焼肉店「愛道園」。
代表の金光真吾さんと、
当時会社から岡山の新規開拓を任された
中山直己さんが出会いから
現在の関係性を語る。

お二人の出会いを教えてください。

中山　金光さんとの出会いは、7年前くらいですね。当時、会社としては岡山県内での新規開拓を目指していた時期で、お昼の営業時間帯に飛び込み営業をかけて見本の肉をお見せしたら、「こんな牛、久々に見た」って言ってくれて、数カ月後には鳥取の牛舎の見学にも来てくれました。

金光　普段だったら「営業時間だから無理」って断るけど、僕の近くまでやって来たと思ったら鳥取訛りの早口でしゃべり出すから、圧倒されたのを覚えています（笑）。

それで、こんなに生産者さんのことがわかる肉屋さんがいることだし、牛舎に行ってみたいと率直に思ったんです。そこで初めて谷口畜産の谷口さんとお会いしたけど、牛への向き合い方や思考に感動しました。

中山　当時は金光さんの人生の分岐点のタイミングとも重なっていましたよね。

金光　僕はもともとイタリアンの世界にいて、焼肉は16、17年ほど前から。当初は店の中心は母だったけど、都会の焼肉店では肉を部位ごとに味わうようになっていて、僕も「責任もって売るから」って、半ば強引に半頭買いをして岡山でもかなり早い段階で部位別を出していました。それで、だんだん肉のことがわかってきて面白くなってきた時期に、中山くんが訪ねてきた。

中山　取引してから少したった頃に初めて谷口さんの賞付きの牛を案内したところ、数日悩まれて「ちょっと買ってみるわ」と連絡をいただいたけど、共進会の祝儀相場だったので、その価格の高さにお母さんも驚かれ、心配されただろうし、愛道園さんがその肉で利益を出すのは大変だった

と思います。でもそこで挑戦した愛道園はすごく幅が広がった。大変だったと思います(笑)。

価格帯が変化して、当時は苦労されたのではないですか？

金光　それまでは、庶民的な焼肉屋だったのが、値段が急に跳ね上がったわけですから、高級なお肉をどうやって売るか、本当に悩みました。でも、高いお肉を提供するようになっても、美味しいからお客さんはしっかり付いてきてくれましたね。

最初は昔からのお客さんに「高くなった」と言われたし、「岡山でなんで鳥取？」「万葉牛って何？」など、今でも聞かれます。だけど「美味しいから食べたらわかる」っていう確信があった。もちろん説明もしますし、スタッフたちにも情報を伝えていますよ。この7年で、本当に浸透したなと感じます。

中山　金光さんと出会った当時は、万葉牛にとっても分岐点のタイミング。ブランディングを一生懸命していたけどほとんどが県内だけの流通でした。それが、岡山に出たことはすごく大きなきっかけで、愛道園があったから次のステージに進めて、今につながっています。

「鳥取にこんなにうまい和牛がある」って発信できるわけですから、県外に出た意味はすごく大きい。現在の関東エリアへの進出のきっかけでもあります。いろいろと食べてきた人が、和牛や焼肉にはまると、沼みたいに抜け出せないですよね。和牛って奥が深い。

お二人とも和牛の魅力にはまっているのですね。

金光　ゴールがないんですよ。もともと僕はイタリアンやフレンチがやりたくて、焼肉はやるつもりはなかった。でも実家の母を手伝うために戻ってきて、はなふささんや谷口さんと出会い、切っただけでうまいとわかるような肉を知った。そこから肉の魔力に吸い寄せられて、虜になっています。

中山　和牛の生産者さんってファッションデザイナーと似てる。人気のデザイナーの作る服って、自分の好きなデザイナーの世界観にお金を出しますよね。その服の原価を気にする人っていないと思う。谷口さんの牛ってそれに近い。味だけじゃなくて、その人の世界観やストーリー性がすごく好きで、みんな夢中になって共感し、独特なコミュニティーを作ることができていると思います。

金光　谷口さんの牛を仕入れて、安さより正しい価値を示す値段で売るんだ、と切り替えができたことが大きな分岐点だったかな。高い肉を安く売って利益が薄いより、きちんとした価格で売ることにシフトできました。

価値を認めて、ふさわしい価格で
それぞれが販売できているんですね。

中山　「三方よし」が大事ですよね。僕たちも、谷口さんの肉を無理して買って安く卸したら後が続かない。価値の背景をきちんと汲み取って高く買い取り、肉屋はその価値を精一杯伝えて適正な価格で卸す。生産者、肉屋、飲食店が適正な利益を分け合って循環することで、存続していくことができるんだと思います。理想論とも言われるけど、強いコミュニティーを築ければ実現できること。でないと、谷口さんのような生産者さんも残れないです。

金光　安いものを否定するわけじゃなくて、ケースバイケース。すべてのお客さんに当てはめようとは思わないし、わかる人、求める人にきちんと届けたい。そのためにもスタッフやお客様に情報を知ってもらうことは大切で、どこでどんな人が育てたどんな肉なのかを伝えています。

中山　「純血但馬血統万葉牛」という純但馬牛の仔牛を買い、鳥取の万葉牛生産者が肥育した稀少な和牛も定期的に使ってもらっています。但馬牛って、育てにくいし、弱いし、大きくならないし、価格も高いんだけど、それを凌駕するうまさの可能性がある。まずは自分自身が選ばれるだけの熱量や人格を持って、分かち合う人を増やしたいですね。

岡山県　認定15号

愛道園《あいどうえん》

1955年創業。谷口拓也万葉牛メスのみを仕入れ。創業から変わらぬタレとの相性も抜群。肉と季節の野菜を合わせて新しい発見・相乗効果を楽しんでいただきたい。認知されてない部位は、ネーミングや食べさせ方の提案などお客様の心をくすぐるよう意識している。

岡山県倉敷市阿知2丁目3-26
TEL:086-422-3115
OPEN:17:00〜22:00
CLOSED:月曜日・第3火曜日(祝日の場合翌日)

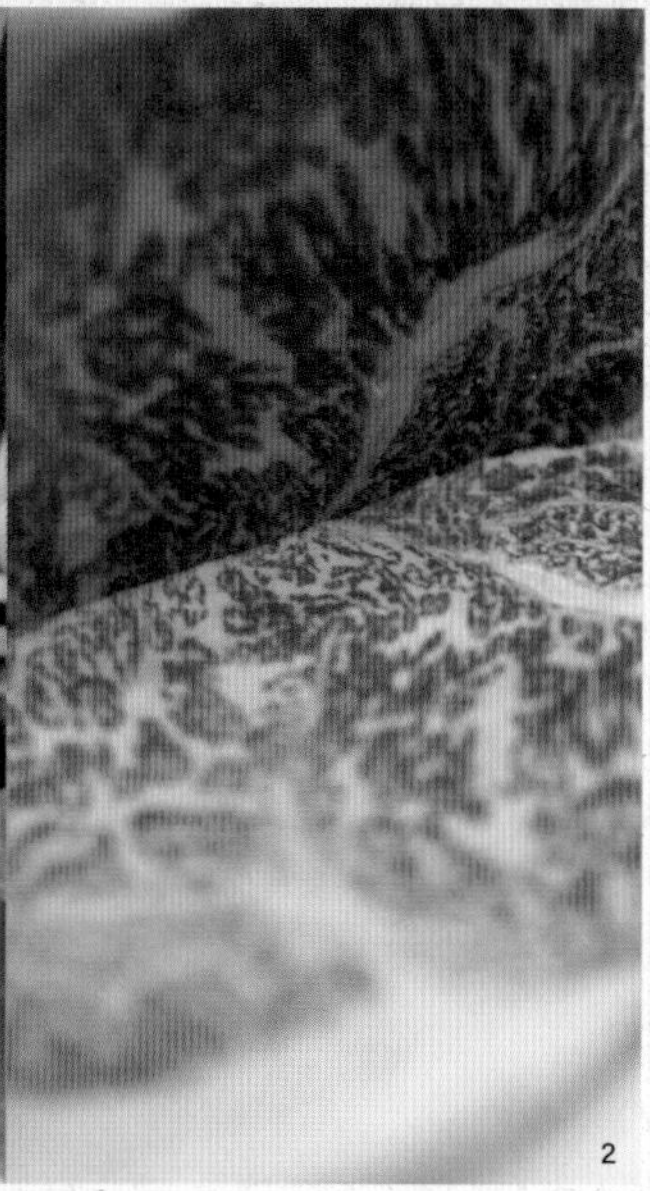

おすすめメニュー

万葉牛　芯々と椎茸

絶品！

[1][2]今回切っているのは谷口畜産の純血但馬血統万葉牛のサーロイン。破格の値段なので金光さんの包丁を握る手にも汗が[3]万葉牛 芯々と椎茸[4]生産者でもある谷口畜産の谷口拓也氏も度々訪れ、夜な夜な語り合う[5]両側で「にく」の文字が入ったシューズ「1日中肉のこと考えてるんです」

鳥取県　認定64号

肉屋 正々堂

にくや せいせいどう

おすすめメニュー

上ロース

オーナー／森山さん

最高の焼肉を最高の空間で

『肉屋　正々堂』は２０１４年からスタートし、私たちが思う「最高の焼肉を最高の空間で」をコンセプトに、２０２２年に移転オープンしました。素材に一切の妥協なく、魂を込めた料理は全て手作り。専用エレベーターを利用して行く2階では、全席個室の純血但馬血統万葉牛を使用したすき焼き、水炊き、あみ焼き専門店『別邸　正々堂』を運営しています。県外や海外からもたくさんのご利用があります。

「妥協しない」信念でつながっている

脂質、余韻、谷口拓也氏の志——。私たちは基本的にブランドでお肉を選びません。お肉は生き物ですから個体差がありますし、お客様の好みもあるためです。ただ、はなふさ様とは信頼関係もあり、いつも私たちの好みの万葉牛を紹介していただいています。理想のお店作りに欠かせないのは妥協しないことだと思っています。近道などなく、愚直に料理に向き合い、理想を追い続けること。この信念で、谷口拓也氏やはなふさ様とつながっていると感じています。

お客様へお肉の美味しさを伝える最後の役割

万葉牛はとても知名度も高く、たくさんのお客様からご好評をいただいています。やはり香り、余韻がすごいとお褒めの言葉をいただきます。

私たちはお客様に美味しさを伝える最後の仕事を担わせていただいております。リレーの襷のようにつながってきた生産者、卸業者様、たくさんの関係者の思いを無駄にしないよう精一杯努めていき、いつまでもお客様に求められる最高のお店であり続けたいと考えています。

肉屋 正々堂

鳥取県米子市角盤町2-64
TEL：0859-22-8333
OPEN：11:00～14:00／17:00～24:00
CLOSED：日曜日

詳細はコチラから！

[1]明るい席もあれば落ち着いた個室も[2]純血但馬血統万葉牛
[3]寿き焼き[4]サーロインユッケ [5]ランチ限定の牛ひつまぶし

焼肉ロース松葉

やきにくろーすまつば

店主／松葉さん

おすすめメニュー

万葉牛五種盛合せ

東京都内唯一の万葉牛専門焼肉店

当店は、世田谷の住宅街で営業する、東京都内唯一の万葉牛専門焼肉店です。ありがたいことに芸能人の方も多数来店されています。

万葉牛導入のきっかけは、焼肉商材会で花房社長にお会いして「サーロイン2キロからでも鳥取から東京に送りますよ」と言っていただけたことと、そのときに食べさせていただいた谷口拓也さんの生産した万葉牛が衝撃的に美味しかったから。霜降り肉の脂はサッパリとしていて軽く、しつこくなく、赤み肉は柔らかくて味が濃く、「これはいくらでも食べられる！」と感じました。

シンプルかつ万葉牛の魅力を最大限に

当店では、万葉牛の中でも、サシが細かく口当たりがいい雌牛のみを仕入れています。万葉牛はお肉自体がとても美味しいので、なるべく余計なことはせずに、お肉の美味しさを味わっていただきたいと思い、味付けもシンプルにして提供しています。タレにも化学調味料は使用していません。

常時5種類以上の万葉牛を日替わりで取り揃えており、すべてご注文をいただいてからの手切り提供をしているので、お客様のお好みの薄切り、厚切りに対応しています。

東京の地から万葉牛の魅力を発信

繁華街でもない普通の町の焼肉屋ですが、たいへん多くのお客様に来ていただいています。都内で万葉牛を食べられるお店は数軒ありますが、その中でも一番多くの部位を取り扱っていると自負しております。いつまでも都内唯一の万葉牛専門焼肉店として、この地から万葉牛の美味しさを発信し続けていきたいです。

焼肉ロース松葉

東京都世田谷区上北沢4-11-5上北沢サンハイツ2F
TEL：03-6379-9217
OPEN：[平日]12:00～14:00／17:00-22:00
　　　[土日]17:00～22:00
CLOSED：不定休

詳細はコチラから！

1

2

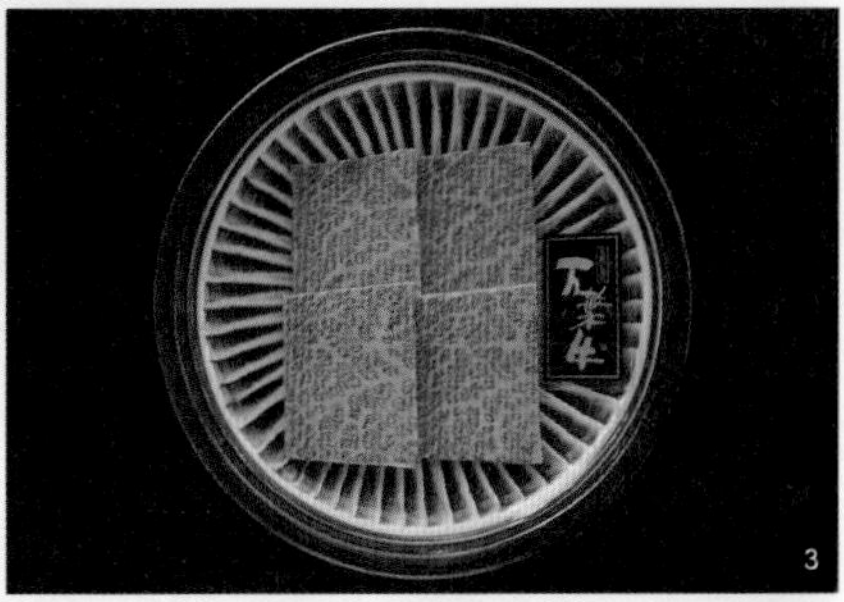

3

4

5

[1] 昔ながらのロースターでお好みの加減にどうぞ [2] 但馬血統万葉牛ミックスホルモン [3] [4] 万葉牛ハネシタ [5] 店主の松葉さん

おすすめメニュー

万葉牛盛合わせ

店主／塩田さん

黒毛和牛焼肉 龍

くろげわぎゅうやきにく りゅう

但馬血統の魅力を感じてほしい

当店は、ただ純粋に「美味しい」を求めて仕入れをしており、肉をはじめとしてサイドメニューにも力を入れ、お店に入った瞬間から最後まで満足していただけるよう日々営業しております。

開業当初から万葉牛のみを使用しており、現在は谷口さんの万葉牛（雌）に絞って提供しています。また、鳥取いなば万葉牛だけでなく、純血但馬血統万葉牛も扱っているため、但馬血統の魅力も感じていただけるお店になっています。

年齢層が高いお客様でも食べやすい肉を求めて

今のお店を開店する際、他店と被らなくて年齢層が高いお客様でも食べやすいお肉を探していました。そんなとき谷口さんの万葉牛を鳥取の「福ふく」さんで食べてみたら、赤身の味もしっかりして、くどくない脂の質。これが探していたお肉だ！と合致したので、その翌日はなふさの本社に突然お邪魔して、扱いたいとお願いしました。その当時はまだ頭数が少なく価格としても安くはない牛でしたが、お付き合いしていただけるようになりました。

「美味しい」を追い続けたい

現在では万葉牛を知っているお客様も増えてきています。当店も今は谷口さんの万葉牛だけに絞って使用させていただいておりますが、お客様にも谷口万葉牛のファンが増えてきて、味にも満足していただけています。

当店の目標は、「美味しい」を追い続けてお客様の満足度を上げ続けることです。万葉牛に期待することは、お店の目標と同じく「美味しい」を追い続けて、お客様が飽きずに満足していただけるような万葉牛であってほしいです。

黒毛和牛焼肉　龍

大阪府大阪市東淀川区東淡路4-17-18
TEL:06-6990-5445
OPEN:17:00～22:00
CLOSED:木曜日

詳細はコチラから！

1

2

3

4

5

[1]ハネシタを使用した万葉牛焼きすき[2]開業から40年以上変わらない看板メニュー、和風ベースの冷麺[3]締めの定番メニュー、スンドゥブ[4]和牛厚切りタン [5]日本酒も豊富

北海道 認定74号

舌とハラミ 肉猿《たんとはらみ にくざる》

おすすめメニュー

万葉牛のユッケ

店主／谷口さん

SNSで谷口さんの牛を見て憧れと興味が湧き、すぐにDMして導入させていただきました。お肉の特徴を壊さない味付けであったり、調理方法であったりを考えながらメニューを作っています。牛の味、お肉の味を存分に楽しんでいただければ嬉しいです。

北海道札幌市中央区南6条西3丁目6-2 TAKARA6.3ビル1F
TEL:011-211-5280
OPEN:18:00〜24:00
CLOSED:月曜日

茨城県 認定41号

やきにく穏和 つくば学園店《やきにくおんわ つくばがくえんてん》

おすすめメニュー

万葉牛楊貴妃焼き

店主／大垣さん

雌牛だけを仕入れる当店は良い牛を求め血統や肥育期間、育った環境、生産者にこだわり、現在は谷口さんが育てた万葉牛、鈴木さんが育てた山形牛、田村牛、純但馬牛などをメインにご用意しています。

茨城県つくば市手代木716-1
TEL:029-846-4129
OPEN:[月〜金]17:30〜23:00 [土]17:00〜23:00
[日]17:00〜22:00
CLOSED:無休

東京都 認定 6 号

italiano. vino e saci《いたりあーの ぶんと ゔぃーの え さち》

おすすめメニュー

本日の厳選和牛ランプの炭火焼き

オーナー／平山さん

イタリアで修行した夫婦で営む、国産食材と輸入食材にこだわったイタリアンレストランです。万葉牛と出会って以来和牛に対する概念が変わりました。スペシャリテでは表面はカリカリ中は旨みを残すオレイン酸を意識した炭火焼きで提供しています。

東京都練馬区桜台1-44-5
TEL:03-6914-7580
OPEN:11:30〜23:00
CLOSED:火曜日

東京都 | 認定19号

焼肉《やきにく》 ANDY《あんでぃ》

おすすめメニュー

本日の厳選お肉盛り合せ

店主／安藤さん

圧倒的コスパを誇る黒毛和牛専門の焼肉店。「万葉牛」をはじめとしたA5ランクの良質なお肉を取り揃えて、皆さまのご来店をお待ちしています。口溶けがよく旨みが“ぎゅっ”とつまったお肉は、肉通も唸るほどのおいしさ！

東京都目黒区東山3丁目13-16 森ビル 1F
TEL:03-6452-4042
OPEN:11:00〜14:30／17:00〜23:00
CLOSED:水曜日

東京都 | 認定20号

西麻布《にしあざぶ》 けんしろう《けんしろう》

おすすめメニュー

万葉牛焼きすき

料理長／富山さん

当店でお出しするすべての食材は、店主 近重泰輔が自ら全国を廻り生産者の方々と出逢い、想いとこだわりを理解し共感した上で厳撰したものになります。信頼できる生産者が届けてくれる最高の食材を、いちばん美味しい状態でお届けします。

東京都港区西麻布4-2-2 Barbizon92 1F
TEL: 050-5269-7022
OPEN:17:00〜23:30
CLOSED:不定休

東京都 | 認定47号

焼肉赤坂《やきにくあかさか》 えいとまん《えいとまん》

おすすめメニュー

牛一頭を余すことなく使い切ったフルコース

オーナー／八幡さん

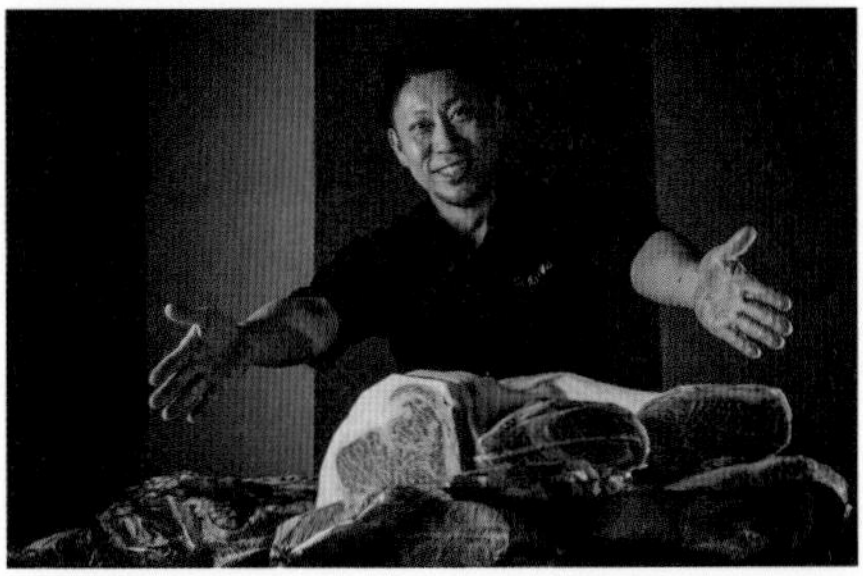

最高の和牛を求めて全国の牧場を探し回って出会ったのが、谷口さんが生産する万葉牛でした。生産者の情熱の証でもある霜降り（サーロイン）をコース一品目の焼き物でお召し上がりいただきます。ぜひお腹を空かせてご来店ください。

東京都港区赤坂3-6-17
TEL:03-6441-2608
OPEN:17:00〜24:00
CLOSED:不定休

東京都　認定65号

江戸焼肉《えどやきにく》

おすすめメニュー

純血但馬血統
万葉牛のロース

料理長／近重さん

当店でお出しするすべての食材は、店主 近重泰輔が自ら全国を廻り生産者の方々と出逢い、彼らの想いとこだわりを理解し共感した上で厳撰したものです。店主 近重による目利きとしての圧倒的な「肉眼力」を体感してください。

東京都中央区銀座6-6-5 HULIC&New GINZA NAMIKI 6 4F B
TEL:050-5890-1619
OPEN:17:00〜24:00
CLOSED:不定休

新潟県　認定77号

焼肉レストラン慶州《やきにくれすとらん けいしゅう》

おすすめメニュー

万葉牛カルビ

店主／東野さん

創業25年の歴史を誇る当店では、各地から取り寄せた最高級黒毛和牛のメニューを提供しています。厳選された様々な種類の肉や希少部位を使用した料理をご堪能ください。お料理と相性の良いワインやクラフトジン、季節の銘酒とともにどうぞ。

新潟県上越市春日野１丁目６－１
TEL:050-3188-1149
OPEN:17:00〜23:00
CLOSED:火曜日

福井県　認定58号

和乃肉 華楽《わのにく からく》

おすすめメニュー

ザブトンの焼きしゃぶ

オーナー／中本さん

「おいしいものを納得価格で」をモットーに、店主が日本各地を探し求め、厳選した和牛肉を仕入れています。値段と質、鮮度のバランスを考えた、いずれも逸品揃いの和牛肉です。おいしくたくさん食べていただけるようにメニューを構成しています。

福井県福井市和田東1丁目101
TEL:0776-26-5778
OPEN:16:30〜24:00
CLOSED:月曜日

福井県 | 認定79号

焼肉料理 ひばち《やきにくりょうり ひばち》

おすすめメニュー

万葉牛サーロイン ユッケ

店主／白崎さん

はなふさ様とのお取引の中で素晴らしい万葉牛の存在を知り、質の高さに感動を覚えました。肉質の違いを表現できるようにカッティングや味付けにこだわっており、最近ではシンプルな薬味で肉味【旨み】を十分引き出すようにしています。

福井県福井市順化1丁目22-11
TEL: 0776-26-3883
OPEN：18:00〜23:00
CLOSED：日曜日

静岡県 | 認定27号

焼肉うしなり《やきにくうしなり》

おすすめメニュー

特選ロース

オーナー／仲村さん

焼肉屋未経験の僕に、感動する"和牛"を教えてくれた、はなふさ様。最初は大きな差を感じる味覚を持ち合わせておらず、フィーリングがマッチして使わせていただいていました。経験を積むと共に、万葉牛の素晴らしさに感動と感謝を覚えています。

静岡県静岡市葵区昭和町3-17 秀和ビル2階
TEL: 054-272-2692
OPEN: [月〜木]17:00〜23:00 [金]17:00〜24:00
[土]16:00〜24:00 [日・祝・祝前日]16:00〜23:00
CLOSED：不定休　※ランチタイムはコース事前予約のみ

静岡県 | 認定72号

ヤキニクホルモン アイニク《やきにくほるもん あいにく》

おすすめメニュー

上特選盛り合わせ

店主／岩崎さん

万葉牛のブレない味わいはもちろん、生産者様、はなふさ様の強い志に胸を打たれ、万葉牛と共に静岡でお店を構えたいと決心しました。万葉牛の部位ごとの違いはもちろん、その中にある個体ごとの長所を少しでも引き上げることを大前提としています。

静岡県静岡市葵区鷹匠2-25-17 チサンクロスロード103
TEL：054-291-4129
OPEN：17:00〜23:00
CLOSED：不定休

静岡県 | 認定76号

肉次郎 御殿場《にくじろう ごてんば》

おすすめメニュー

和牛赤身ロース

オーナー／堀内さん

駅近の熟成ホルモンとこだわりの赤身のホルモン焼肉屋。赤身はこだわり抜いた鳥取県産の万葉牛を使用しております。デザートには自家製のフレンチトーストをおすすめしており、一度食べたらリピート確定間違いなし！

静岡県御殿場市新橋2035
TEL：0550-70-5615
OPEN：17:00〜23:00
CLOSED：火曜日（その他不定休あり）

京都府 | 認定40号

肉もん 四条大宮本店《にくもん しじょうおおみやほんてん》

おすすめメニュー

5秒ロース

店主／山脇さん

私の出身が鳥取県ということもあり縁を感じ、仕入れることに決めました。脂の質がほかの牛とは全然違うのでどの食べ方が一番美味しいのか、一切れの厚みや大きさなどを仕入れた時に実際に食べて、一番美味しいと思っていただける形で提供しています。

京都府京都市中京区錦大宮町130メゾンドール四条大宮1階
TEL：075-802-2296
OPEN：17:00〜24:00
CLOSED：第２・第４木曜日

京都府 | 認定42号

肉屋黒川 宇治本店《にくやくろかわ うじほんてん》

おすすめメニュー

ステーキ重

オーナー／黒川さん

元祖ステーキ重専門店として2017年5月にオープンしました。自分が納得して本当に美味しいと思う肉をご提供できるように、日々勉強し、精進しております。万葉牛の肉味の濃さ、旨みに惚れこんでいます。本店のほか木屋町店、奈良店、松江店もあります。

京都府宇治市宇治里尻82-3
TEL：080-9471-1129
OPEN：11:00〜（無くなり次第終了）
CLOSED：火曜日

京都府 | 認定57号

焼肉食道しんしん《やきにくしょくどう しんしん》

おすすめメニュー

和牛レアステーキ御膳

店主／山内さん

2019年にオープンしたまだ日の浅いお店です。仕入れ業者を探していた際に出会ったのが万葉牛です。口の中に広がる脂の旨味が当店の自家製青唐ポン酢との相性も良く、導入を決めさせていただきました。自家製ポン酢であっさり新感覚な味わいです。

京都府久世郡久御山町林八幡講1-100
TEL：0774-48-1789
OPEN：11:00～14:00／17:00～23:00
CLOSED：月曜日（祝日の場合は翌日定休日）

大阪府 | 認定28号

小川亭とらちゃん《おがわていとらちゃん》

おすすめメニュー

リブロースの焼きしゃぶ

オーナー／小川さん

作り手の思いは味に出ます。初めて万葉牛を食べた時「これは、食肉文化の新しい1ページになる」と確信しました。ただお客様に提供するのではなく、生産者と共に文化を作るという気概を持って、お客様にどうお伝えするのか日々研鑽しております。

大阪府大阪市天王寺区小橋町2-15
TEL：06-6766-7856
OPEN：11:30～15:00／17:00～22:00
CLOSED：火曜日

大阪府 | 認定37号

鳥取和牛大山《とっとりわぎゅうだいせん》 心斎橋本店《しんさいばしほんてん》

おすすめメニュー

鳥取贅沢づくし
特別コース

店長／吉末さん

鳥取和牛をメインに旬の魚介、こだわり産地の野菜をお客様の目の前で焼き上げます。突き抜ける和牛の風味、とろけるような繊細な舌触り、芸術的な肉質のきめ細やかさ、五感を刺激する大山の料理をご堪能下さい。

大阪府大阪市中央区心斎橋筋2-2-23
TEL:06-6211-9813
OPEN：11:00～15:00／17:00～21:00
CLOSED：なし

大阪府 認定66号

焼肉さん八《やきにくさんぱち》

おすすめメニュー

万葉牛のカルビ

店主／山本さん

日本各地の黒毛を使用しましたが、やはり万葉牛だという結論にいたりました。大阪から万葉牛のポテンシャルをお客様に伝えたいと思っております。丁寧にカットし、シンプルに焼いて食べていただくことで素材本来の味わいを感じていただけます。

大阪府大阪市都島区片町2-9-21京橋ベース102
TEL:070-8977-5369
OPEN:17:00～24:00
CLOSED:月・火曜日

大阪府 認定67号

炭火焼肉《すみびやきにく》 慶州館《けいしゅうかん》

おすすめメニュー

万葉牛セセリすき焼き風
(蘭王付き)

店長／後藤さん

創業30年の実力派焼肉店！豊中市で唯一の万葉牛認定店！実際に万葉牛を食べさせていただき、そのおいしさに取り扱わせていただくことを決めました。SNSで焼肉屋の写真を見たり、実際に足を運んで、食べて、新メニューの考案に繋げています。

大阪府豊中市中桜塚2-18-8丸正ビル2階
TEL:06-6852-0299
OPEN:17:00～22:30
CLOSED:月曜日

大阪府 認定78号

肉《にく》「希々《きき》」

おすすめメニュー

骨付き枯らしの
サーロインステーキ

オーナー／中井さん

信頼できるお肉屋さんが万葉牛の取り扱いをされていました。なるべく手を加えず、シンプルに肉の旨み、脂の上質さを伝えていくことを心掛けています。ライブ感溢れるカウンターで、店主により丁寧に火入れされた肉をぜひご堪能ください。

大阪府大阪市福島区福島5丁目10-16
TEL:06-6455-0086
OPEN:[月～土]17:00～22:30 [祝]17:00～22:30
CLOSED:日曜日

大阪府 | 認定84号

㐂舌《きたん》 韻《いん》

おすすめメニュー

熟成の純血但馬血統
万葉牛

オーナー／竹下さん

誰かが作っていた料理、焼肉でなく、何処かで見たことのある料理、焼肉でなく、常にcreativeな感性を。私達にしか表現できない空間で、私達にしか創り出せない焼肉やコース料理で、常にrestaurantを楽しんでいただきたい。

大阪府大阪市中央区道頓堀1-7-12 1F
TEL: 06-6226-7462
OPEN:19:00〜21:30
CLOSED:不定休

兵庫県 | 認定 2 号

創咲和楽つるぎ《そうさくわらくつるぎ》

おすすめメニュー

イチボ・ヒウチの
ハーフステーキ

店主／小田さん

万葉牛を試食した際にあまりの美味しさに衝撃を受け、多くの方に知ってもらいたくて導入を決めました。万葉牛そのものの味を楽しんでもらいたいのでシンプルなステーキを軸に、煮込みやビフカツなど部位ごとに様々な調理方法で提供しています。

兵庫県宝塚市湯本町2-4サウス宝塚弐番館1階
TEL:0797-98-6103
OPEN:18:00〜23:00
CLOSED:月曜日

兵庫県 | 認定14号

terzo《てるつぉ》

おすすめメニュー

万葉牛のレアカツ

料理長／長井さん

石窯焼きピッツァとワインのお店です。黒毛和牛がメインのおまかせコースなどで万葉牛を提供しています。

兵庫県神戸市中央区北長狭通2-6-6 ヤナセビル 2F
TEL:050-5868-1056
OPEN:11:30〜15:00／[月〜金]17:00〜23:00 [土日祝]18:00〜23:00
CLOSED:不定休

兵庫県　認定60号

リストランテ アンティーコ・アルベルゴ《りすとらんて あんてぃーこ あるべるご》

おすすめメニュー

万葉牛のボロネーゼ

店主／平井さん

歴史ある名店出身シェフが手がけるリストランテ。万葉牛はステーキはもちろん、旨みの濃い腕肉や筋などをボロネーゼで提供しています。歩留まりの脂もハーブを使用して自家製ラードにするなど、万葉牛は余すところなく使用しています。

兵庫県姫路市南町1 山陽百貨店西館6F
TEL:078-381-5330
OPEN:11:00〜14:00／17:00〜23:00
CLOSED:不定休（山陽百貨店西館に準ずる）

兵庫県　認定87号

焼肉ホルモン 高木《やきにくほるもん　たかぎ》

おすすめメニュー

上ロース
但馬血統各部位

店主／髙木さん

当店は「とにかく旨い霜降り肉」を主軸にし、赤身・内臓も切り方・食べ方に創意工夫を凝らして、何度も通いたくなるお店作りを掲げています。

兵庫県伊丹市中央4-1-17
TEL:072-714-2466
OPEN:[平日]17:00〜23:00 [土日]17:00〜22:30
CLOSED:月曜日（祝日の場合は翌日定休日）

奈良県　認定54号

NIKUZO 藤起《にくぞう ふじき》

おすすめメニュー

肉のチタタプおはぎ仕立て

店主／梅田さん

究極の肉を探し求める日々の中、経営陣に鳥取出身者がいたのも幸いし、辿り着いたのが万葉牛でした。部位ごとに最高のパフォーマンスを引き出せるように常に考えています！完全個室の大人の空間で、上質のお肉とお酒、サービスを堪能していただけます。

奈良県生駒市真弓4丁目1-2
TEL:0743-79-1717
OPEN:11:00〜15:00／18:00〜22:00
CLOSED:月曜日

鳥取県 | 認定 1 号

炭火焼き 福ふく《すみびやき ふくふく》

おすすめメニュー

福ふくコース

店主／海老原さん

万葉牛の立ち上げ時に花房社長に声をかけていただきました。それ以来、万葉牛一筋でやっています。どうしても個体差に左右される素材です。良し悪しがダイレクトにあらわれる焼肉にとって、常に一定のレベルを維持することの難しさを日々痛感しています。

鳥取県鳥取市弥生町334-2
TEL:0857-50-0029
OPEN:18:00〜23:00
CLOSED:日曜日

鳥取県 | 認定 3 号

国民宿舎 山紫苑《こくみんしゅくしゃ さんしえん》

おすすめメニュー

万葉牛陶板焼き

支配人／大井津さん

地元の美味しいお肉を提供したく万葉牛の取り扱いを決めました。できるだけさっぱりと食べやすく、かつ旨味を引き出すよう心がけております。お肉自体が美味しいのでシンプルな調理法で、旬のものとどう掛け合わせるかなどを日々考えています。

鳥取県鳥取市鹿野町今市972-1
TEL: 0857-84-2211
OPEN:15:00〜翌日10:00まで
CLOSED:なし(年２回休館日あり)

鳥取県 | 認定 5 号

焼肉 まんしゅう《やきにく まんしゅう》

おすすめメニュー

ランプ、イチボの
サイコロ塩焼

オーナー／枡井さん

営業マンに谷口畜産のお肉を紹介され、とても美味しいお肉だと確信しました。美味しいお肉をできるだけシンプルに、美味しく提供することを心がけています。タレから味付けにいたるまで化学調味料は使用せず、天然のだし、天然水にこだわっています。

鳥取県倉吉市明治町1016-23
TEL:0858-22-8317
OPEN:17:00〜21:00
CLOSED:月・火曜日

鳥取県　認定 7 号

お肉のはなふさ賀露本店《おにくのはなふさ かろほんてん》

おすすめメニュー

万葉牛ロースステーキ

店長／吉岡さん

当店は株式会社はなふさの創業のきっかけとなった店舗で、日本で最初に万葉牛を扱った精肉店です。美味しいお肉を届けたい一心で20年以上営業してきました。精肉店らしく、焼肉、スライス、ステーキなど様々なカットで万葉牛を取り扱っています。

鳥取県鳥取市賀露町南1-8-10
TEL:0857-31-0292
OPEN:10:00～18:30
CLOSED:水曜日

鳥取県　認定 8 号

花房精肉店《はなふさせいにくてん》

おすすめメニュー

万葉牛肩ローススライス

店長／坂本さん

はなふさ直営の精肉店として営業しているので、生産者の顔写真とともにプライスカードを提示して『生産者の顔が見える精肉店』を心がけています。美味しさはもちろん、作り手のこだわりや情熱も伝えています。調理法や味付けなども提案しています。

鳥取県米子市彦名町51-4
TEL:0859-30-4129
OPEN:11:00～17:00
CLOSED:水曜日

鳥取県　認定 9 号

LA MAISON DE BLANCHE《ら めぞん ど ぶらんしゅ》

おすすめメニュー

万葉牛イチボのロースト
ソース ジュ ド ヴィアンド

オーナー／藤森さん

ソースに重きをおくフランス料理は、万葉牛のような非常に旨みがあるお肉を使うとき、とても気をつかいます。肉本来の旨みを最大限感じていただきたいので、ソースは掃除した肉の端材や香味野菜でとった出汁をベースにシンプルに仕立てています。

鳥取県鳥取市青葉町2-101
TEL: 0857-24-9988
OPEN:10:00～19:00(問合せ時間)
CLOSED:火・水曜日

鳥取県 | 認定10号

嗜幸園 鳥取大学前店《しこうえん とっとりだいがくまえてん》

おすすめメニュー

万葉牛ロース

店主／永江さん

万葉牛の美味しさに魅力を感じ、ぜひお店で提供してたくさんの方々に食べていただきたいと言う思いで導入しました。当店では、万葉牛やオレイン55など、和牛の口溶けと風味を堪能できます。醤油ベースの秘伝のタレが肉のおいしさを引き立てます。

鳥取県鳥取市湖山町北1-415-2
TEL:0857-28-4095
OPEN:18:00～23:00
CLOSED:月曜日

鳥取県 | 認定12号

焼肉屋 ぶる BULL《やきにくや ぶる》

おすすめメニュー

万葉牛ブリスケ（カルビ）

店長／森さん

当店は、万葉牛を肥育する畜産農家の中でも谷口畜産の雌の万葉牛を仕入れています。「ザブトン」などの希少部位も堪能できます。店長が厳選した肉とあうワインや鳥取の地酒も提供しており、贅沢な時間を過ごしていただけます。

鳥取県鳥取市永楽温泉町509-1-1
TEL: 0857-50-0195
OPEN:17:00～23:00
CLOSED:日曜日

鳥取県 | 認定17号

焼肉ちづや本店《やきにくちづやほんてん》

おすすめメニュー

**万葉牛
サーロインステーキ**

オーナー／市田さん

地元北栄町の万葉牛生産者・山下畜産さんのお肉を一頭買いしており、お客様に様々な部位を召し上がっていただくことができます。また、物販では万葉牛を100％使用した冷凍牛丼を販売しています。

鳥取県倉吉市清谷町1丁目82
TEL:0858-26-4334
OPEN:11:30～14:00／17:00～21:00
CLOSED:月曜日

鳥取県 認定21号

焼肉韓食房 だんだん《やきにくかんしょくぼう だんだん》

おすすめメニュー

和牛ザブトンステーキ

店主／岩崎さん

厳選黒毛和牛を中心にした焼肉やこだわりの韓国料理など取り揃えています。ランチメニューやコースメニューもございます。万葉牛を紹介され、万葉牛の美味しさをぜひお客様にも味わってもらいたいと導入しました。

鳥取県米子市東福原1800-1
TEL:0859-23-2608
OPEN:11:30～15:00／17:00～22:00
CLOSED:木曜日

鳥取県 認定22号

焼肉ホルモン だんだん《やきにくほるもん だんだん》

おすすめメニュー

和牛焼きすき

店長／早川さん

米子駅から徒歩5分の地元鳥取和牛専門のお店です。美味しい鳥取和牛を求めていたら業者さんから万葉牛を紹介され、その肉質に満足して導入を決めました。万葉牛本来の味を感じてもらえるよう、肉のカットや味付けを考えながら提供しています。

鳥取県米子市明治町140
TEL:0859-21-4787
OPEN:［平日］11:30～15:00／17:00～23:00
［日・祝］11:30～21:00
CLOSED:木曜日、大晦日、元日

鳥取県 認定24号

肉料理 Nick《にくりょうり にっく》

おすすめメニュー

鳥取和牛ひつまぶし

オーナー／寺坂さん

当店名物でもある鳥取和牛ひつまぶしのお肉に何を使うか悩んでいたとき万葉牛と出会いました。万葉牛の霜降りの美味しさに魅了され、自家製タレとの相性に感動し、導入を決めました。コース料理の最初から最後まで万葉牛を使用することもあります。

鳥取県鳥取市栄町611
TEL:0857-51-0855
OPEN:17:30～23:00［土日祝のみ］11:30～14:30
CLOSED:月曜日・第3火曜日

鳥取県 | 認定25号

鉄板ふくもと《てっぱんふくもと》

おすすめメニュー

和牛ヒレステーキ

店主／福本さん

米子では珍しい雌和牛を使ったステーキ専門店です。万葉牛は焼いたときの香り、旨みが抜群なので自信を持って提供しています。ステーキだと肉厚があるのでお肉の味をダイレクトに感じられます。県外のお客様からも美味しいというお声をいただきます。

鳥取県米子市米原1454-9
TEL:0859-30-4964
OPEN:18:00〜22:00 [金土のみ]11:30〜14:30
CLOSED:日曜(その他不定休あり)

鳥取県 | 認定29号

鳥取美食 こころび 末広通り店《とっとりびしょく こころび すえひろどおりてん》

おすすめメニュー

鳥取和牛しゃぶしゃぶ

店主／田中さん

鳥取の漁港で水揚げされた魚介類や牛肉、鶏肉を使った料理や地酒を楽しめます。一軒で鳥取の旬の魚、牛、鶏、野菜が食べられます。

鳥取県鳥取市末広温泉町363
TEL: 0857-30-7756
OPEN:17:30〜24:30
CLOSED:日曜日

鳥取県 | 認定32号

旬彩 こころび《しゅんさい こころび》

おすすめメニュー

鳥取和牛トロの握り

店主／田中さん

自社船を所有し、活魚などを自店に直送する厳選した海鮮料理が自慢の店。海鮮以外に鳥取地鶏や万葉牛など、鳥取県産にこだわっています。

鳥取県鳥取市末広温泉町451
TEL: 0857-24-6528
OPEN:18:00〜24:00
CLOSED:日曜日・祝日

鳥取県　認定34号

ラ・コルク《ら こるく》

おすすめメニュー

万葉牛ヒレの低温調理

オーナー／福原さん

原価バー『ラ・コルク』は、入店料金、ウイスキーやワイン、フードを原価で提供しています。通常、ショットで数千円するような希少・高級ウイスキーやワインも原価、仕入れ値なので超お得に飲めます。予約でコース料理を提供しています。

鳥取県鳥取市永楽温泉町351
TEL:0857-77-3510
OPEN:18:00～2:00 (Cafe:10:00-17:00 ／月火休み)
CLOSED:月・火・日曜日
※昼間はカヌレ屋木洩れ日のカフェkomo cafe and bakeとして営業

鳥取県　認定38号

美食Dining かくれんぼ《びしょくだいにんぐ かくれんぼ》

おすすめメニュー

和牛すじ肉の
赤味噌デミソース

店主／中山さん

イタリアンをベースに、自家農園の野菜や米など、食材にこだわった創作料理店です。肉は万葉牛をはじめ鳥取産のものだけを使い、新鮮な食材にアイデアと手間を加えた創作料理として提供しています。

鳥取県鳥取市弥生町217 ひまわりビル1F
TEL:0857-50-1777
OPEN:17:30～2:00
CLOSED:日曜日

鳥取県　認定43号

焼肉牛王 鳥取本店《やきにくぎゅうおう とっとりほんてん》

おすすめメニュー

鳥取和牛5種盛り合わせ

店主／千谷さん

当店はオープン当初から万葉牛を取り扱っています。味見を繰り返し、お客様の反応を元に、はなふさの担当者さんと共に当店に合う肉を都度選んでいます。鳥取の肉、野菜、お酒。県内外全てのお客様に鳥取の魅力、味覚を存分に堪能していただけます。

鳥取県鳥取市今町1-180
TEL:0857-32-8885
OPEN:11:00～14:00／17:00～22:00
CLOSED:不定休

鳥取県 | 認定45号

ダイニング IRORI《だいにんぐいろり》

おすすめメニュー

鳥取和牛の希少部位
三種盛り(コース料理内焼き物)

料理長／岡垣さん

ご宿泊の方へのコース料理のメイン料理でもある焼き物として万葉牛を提供しています。手を加えすぎることなくシンプルに万葉牛の旨味を味わっていただきたいと考え、炭火でサッと焼いて塩と生わさびでお召し上がりいただいています。

鳥取県八頭郡八頭町下野331(OOE VALLEY STAY内)
TEL:0570-008-558
OPEN:ホテルのため特になし
CLOSED:不定休

鳥取県 | 認定48号

炭火焼肉 あがりつき《すみびやきにく あがりつき》

おすすめメニュー

万葉牛吟味盛り

オーナー／岸本さん

当店は万葉牛を看板メニューの一つとしております。いつもの焼肉に「ちょっと贅沢を」と万葉牛を頼んでくれるお客様や、県外から万葉牛を食べに来てくださるお客様もいます。日々、生産者さんの牛一頭一頭へのこだわりを強く感じております。

鳥取県鳥取市吉成南町2-1-9
TEL: 0857-51-0129
OPEN:11:00～14:00／17:00～23:00
CLOSED:不定休

鳥取県 | 認定50号

やど紫苑亭《やどしおんてい》

おすすめメニュー

ヒレ肉とサーロインの
食べ比べ

支配人兼総料理長
大石さん

地産地消の食材にこだわった極上の料理と、泉質の良い温泉、最高のおもてなしで「特別な時間と幸せ」を感じていただく料亭旅館です。万葉牛の「ストレスを与えない」という生育環境に魅力を感じ、お客様に満足いただける料理を作ることができると感じました。

鳥取県米子市皆生温泉4-6-12
TEL:0859-21-7277
OPEN:旅館へ宿泊のお客様へのご提供
CLOSED:不定休

鳥取県　認定59号

焼肉牛王 倉吉店《やきにくぎゅうおう くらよしてん》

おすすめメニュー

万葉牛
希少部位5種盛り合わせ

店主／森田さん

鳥取県中部の方にも万葉牛の美味しさを知ってもらいたいと考え、鳥取本店のメニューをベースに、街のニーズに合わせたメニュー構成にしています。お子様用のメニューの豊富さに加え、お昼はがっつり食べられるようなメニューもあります。

鳥取県倉吉市上井195-10
TEL:0858-24-6667
OPEN:11:30〜14:00／17:00〜22:00
CLOSED:不定休

鳥取県　認定61号

炭火焼肉 まほら《すみびやきにく まほら》

おすすめメニュー

ブリスケのたたき

オーナー／徳田さん

万葉牛を使ってみたいと思っていたら、生産者さんが地元の先輩でした。谷口さんの人柄、万葉牛の美味しさ、生産者さん・はなふささんの熱量から導入を決めました。自分で食べてみたいものを感覚で作ったり、他店へ勉強しにいって構想しています。

鳥取県鳥取市弥生町294 ギャザビル3 101
TEL:0857-50-1529
OPEN:17:00〜25:00
CLOSED:不定休

鳥取県　認定73号

大将軍《だいしょうぐん》

おすすめメニュー

上ハラミ

店主／木下さん

万葉牛の、霜降りの口に残らないライトな脂質感、ロース系のほのかな甘味、ハラミの肉の味の濃さに感動しました。シンプルに霜降りのハラミの品質のよさに惚れたので、お客様にはストレートに万葉牛の美味しさを知っていただきたく思っています。

鳥取県鳥取市富安2-144
TEL:0857-21-0788
OPEN:17:00〜22:30
CLOSED:元日

鳥取県 認定80号

焼肉一八《やきにくいっぱち》

おすすめメニュー

一八カルビ

取締役部長／湖山さん

万葉牛とは、コロナ禍により外食文化において今まで以上に価値あるものを提供していくことが必要とされた頃に出会いました。万葉牛は当店の秘伝の味噌だれとの相性もよく、さらにどう肉の旨みを引き出すか、担当の方と日々相談しています。

鳥取県米子市明治町194
TEL:080-3875-7225
OPEN:17:00～23:00
CLOSED:日曜日

鳥取県 認定85号

ホルモンちづや《ほるもんちづや》 倉吉駅前店《くらよしえきまえてん》

おすすめメニュー

万葉牛赤身ステーキ

店長／藤崎さん

代表自らセリに行き、等級にこだわらず美味しいお肉を見極め、地元北栄町の万葉牛生産者・山下畜産さんのお肉を一頭買いしています。生産者の顔や育て方を見ることで、美味しいだけではなく、安心安全なお肉をお客様にご提供しております。

鳥取県倉吉市上井町２丁目4-14
TEL:0858-24-6629
OPEN:17:30～23:00
CLOSED:火曜日

島根県 認定23号

焼肉韓食房だんだん《やきにくかんしょくぼう だんだん》 田和山店《たわやまてん》

おすすめメニュー

和牛ハネシタ

店主／藤井さん

スッキリとした脂質、焼いた時の香り、甘み共に感動し、お客様に満足していただけると確信しました！牛舎にも訪問し、生産者さんの強いこだわりにも触れて使用させてもらうのを決定いたしました。素材感をそのままに生かす料理を目標に考えています。

島根県松江市田和山町20
TEL:0852-67-2929
OPEN:11:30～15:00／17:00～22:00
CLOSED:木曜日

島根県　認定39号

焼肉 TERRACCE《やきにくてらす》

おすすめメニュー

万葉牛 ― 谷口牧場限定 ―
シャトーブリアン

オーナー／角田さん

万葉牛のコンセプトに心酔し、谷口牧場限定で仕入れを行っているので、肉の品質には絶対の自信があります。万葉牛の脂どけの良さや新鮮味の溢れる味わいを活かすために、手を掛けすぎない工夫や肉の品質が感じられるメニュー構成を考えています。

島根県出雲市天神町71
TEL：0853-23-2388
OPEN：11:30～14:00／18:00～22:00
CLOSED：日曜日

島根県　認定63号

カルビ屋 慶《かるびや けい》

おすすめメニュー

特選リブロース

オーナー／岡さん

当店では万葉牛の贅沢な焼肉をお楽しみいただけます。自家製のタレやサイドメニューもあり、おすすめもたくさんあります！万葉牛の取り扱いは担当の方におすすめしていただき、「万葉牛おいしそう！ぜひ仕入れしたい」と思ったことがきっかけです。

島根県松江市御手船場町582-2
TEL：0852-23-8929
OPEN：17:00～22:00
CLOSED：月曜日

岡山県　認定30号

くらしき 窯と南イタリア料理 はしまや《くらしき かまとみなみいたりありょうり はしまや》

おすすめメニュー

谷口畜産万葉牛の
クリの薪火ロースト

オーナー／楠戸さん

当店では岡山の豊かな素材を薪を使って豪快かつシンプルにお客様にお届けします。「焼く」という調理法をこれからも探求したいし、進化を目指し日々研究しています。万葉牛には、焼き方、切り方など無限な可能性があると思っています。

岡山県倉敷市東町2-4
TEL：086-697-5767
OPEN：12:30～19:00（コースのみ一斉スタート）
CLOSED：火曜日

岡山県 | 認定53号

焼肉有《やきにくある》 -ARU-

おすすめメニュー

谷口万葉牛
「飲める」プラチナ炙りユッケ

店主／泉さん

谷口万葉牛の「おかわりのできる霜降り」に心を打たれ導入を決めました。万葉牛をお皿一面に広げた飲めるユッケこと「プラチナ炙りユッケ」や洗いダレで食べる焼肉メニューなど、ダイレクトに万葉牛本来の旨みを感じ取れる構成を考えています。

岡山県岡山市北区平和町5-15 1F
TEL: 086-230-0629
OPEN:17:00～23:00
CLOSED:水曜日

岡山県 | 認定71号

焼肉ちづや《やきにくちづや》 岡山店《おかやまてん》

おすすめメニュー

リブロースの焼きすき

店主／安養寺さん

鳥取県内でもいろいろなブランド牛がある中で、万葉牛は脂が甘く肉味がしっかりしているのでいくらでも食べられるお肉だと感じました。あっさりとわさび醤油で、お客さんに美味しく食べていただけるようにしています。

岡山県岡山市南区千鳥町28-5
TEL:086-259-0304
OPEN:11:30～14:00／17:00～22:00
CLOSED:水曜日のみランチ休み

岡山県 | 認定83号

肉はる《にくはる》

おすすめメニュー

サーロイン焼しゃぶ

店主／藤戸さん

2023年12月オープンのお店です。もともと修行先が万葉牛指定店で、初めて食べたときの美味しさの衝撃でこの店でも導入を決めました。とてもいいお肉なので、仕入れさせていただいた時はそのお肉にしっかり向き合ってメニューを考えています。

岡山県岡山市北区田町2-14-11 シャンティ田町
TEL:050-8892-7586
OPEN:18:00～25:00
CLOSED:日曜日・祝日

広島県　認定26号

肉割烹まさ㐂
にくかっぽうまさき

おすすめメニュー

**万葉牛を使用した
月替わりのコース料理**

店主／平賀さん

万葉牛などを使用した日本料理店。月替わりのコースを予約制で営業しています。万葉牛の牧場見学で生産者さんのお話を聞いて感銘を受けました。日本料理の技法がベースにあるので、その時の部位や状態を見ながら肉に合わせるような料理を考えています。

広島県広島市南区段原1丁目6-9
TEL:082-569-5553
OPEN:18:00〜22:00
CLOSED:日曜日、第3月曜日

広島県　認定51号

料理屋 そうびき
りょうりや　そうびき

おすすめメニュー

万葉牛と筍の炊き合わせ

店主／惣引さん

季節の野菜や魚介類と万葉牛を使ったおまかせ料理を提供しています。万葉牛はフランス料理のシェフから紹介していただきました。野菜や魚介類の料理とのバランスを考えて、焼く・煮る・揚げる・など調理方法を考えています。

広島県東広島市西条岡町10-24 第10内海ビル3階
TEL:080-1645-3185
OPEN:[火〜土]18:00〜22:00 [土日]12:00〜14:30
CLOSED:月曜日

広島県　認定52号

フレンチレストラン ソンスクレ
ふれんちれすとらん　そんすくれ

おすすめメニュー

万葉牛　クリミ　ロースト

オーナー／為岡さん

万葉牛との出会いは飛び込み営業でしたが、焼く前に触った瞬間すごい肉だなと感じました。特にクリミが気に入っています。クリミは赤身が多く食感がよく歯切れのいいお肉です。ソースにもよく合い、松ぼっくりなどで香りをつけることもあります。

広島県広島市中区中町2-8 アルコビル 1F
TEL: 082-569-8261
OPEN:12:00〜14:30／18:00〜22:30
CLOSED:月曜日、火曜日ランチ

福岡県 | 認定69号

ポルタ・ロッサ《ぽるたろっさ》

おすすめメニュー
万葉牛のロースト
季節の野菜添え

店主／森田さん

夫婦で経営している小さなイタリアンのお店です。万葉牛が入ったときには万葉牛コースを提供しており、喜んでいただけています。

福岡県久留米市六ッ門町7-52
TEL:0942-31-2161
OPEN:[平日]17:30〜22:00
[土・日・祝]11:30〜14:00／17:30〜22:00
CLOSED:水曜日

熊本県 | 認定75号

焼肉すどう《やきにくすどう》 熊本本店《くまもとほんてん》

おすすめメニュー
サーロインの焼きしゃぶ

料理長／箸本さん

当店は、席ごとに『肉師』が最高の状態に仕上げてお肉を提供するフルアテンド型の焼肉店です。肥育状況や畜産家さんの想いも含め、美味しいお肉を厳選しています。個体ごとに肉質を見極めながら肉磨きをしています。

熊本県熊本市中央区上通町4-10とらやビル3F
TEL:096-288-5729
OPEN:18:00〜23:00 ※前日までのご予約で17:00から営業可
CLOSED:日曜日

沖縄県 | 認定46号

焼肉ホルモン《やきにくほるもん》 はなうし《はなうし》

おすすめメニュー
特選赤身、上ロース
ハラミ、タン

店主／我那覇さん

当店はブランド牛やランクにこだわらず、本当に美味しいお肉を追求し続けています！
その為、店主みずから全国を駆け回っています。
内臓肉は、沖縄県の食肉センターから直接納品されていて鮮度抜群です。

沖縄県那覇市久茂地2-11-16 花ビル2階右側
TEL:080-4282-2989
OPEN:18:00〜翌4:00ごろ
CLOSED:不定休

MOVIE

動画で知る万葉牛

INFORMATION

01

Tittle

鳥取が誇る純血但馬血統万葉牛！
生産者の谷口拓也さんと共に3年かけて
育てた万葉牛を最高の仕立てでいただく。
【炭火焼肉まほら・肉屋 正々堂】

視聴はコチラ

炭火焼肉まほら・肉屋 正々堂の取材を通して
谷口畜産の紹介、純血但馬万葉牛の魅力を
紹介していただきました。

YouTube **IKKO'S FILMS**

鮨、和食、フレンチ、イタリアン、中華、ラーメンなど、高価格帯の店からB級グルメまで様々なタイプのお店を紹介する人気チャンネル。

02

Tittle

【鳥取県：鳥取いなば万葉牛】「美味しい」を
追い求める生産者と肉屋の挑戦
《wasabee 牛飼いストーリー004》

視聴はコチラ

谷口畜産の鳥取いなば万葉牛を
生産者からの視点で紹介していただきました。
谷口さんの想いとこだわりが伝わります。

YouTube **牛旅wasabee ワサビィ**

47都道県の牛旅を届けるチャンネル。「牛飼いストーリー」では全国のブランド牛を取材して、お肉の先にある物語を追っている。

万葉牛を買う

ONLINE STORE

株式会社はなふさの公式通販「肉匠 はなふさ」です。
「万葉牛」「 花乃牛」などを中心に
食べて感動してもらえる肉を届けたいと強く思っております。
ご自宅用、ギフト用などに是非、ご利用ください。

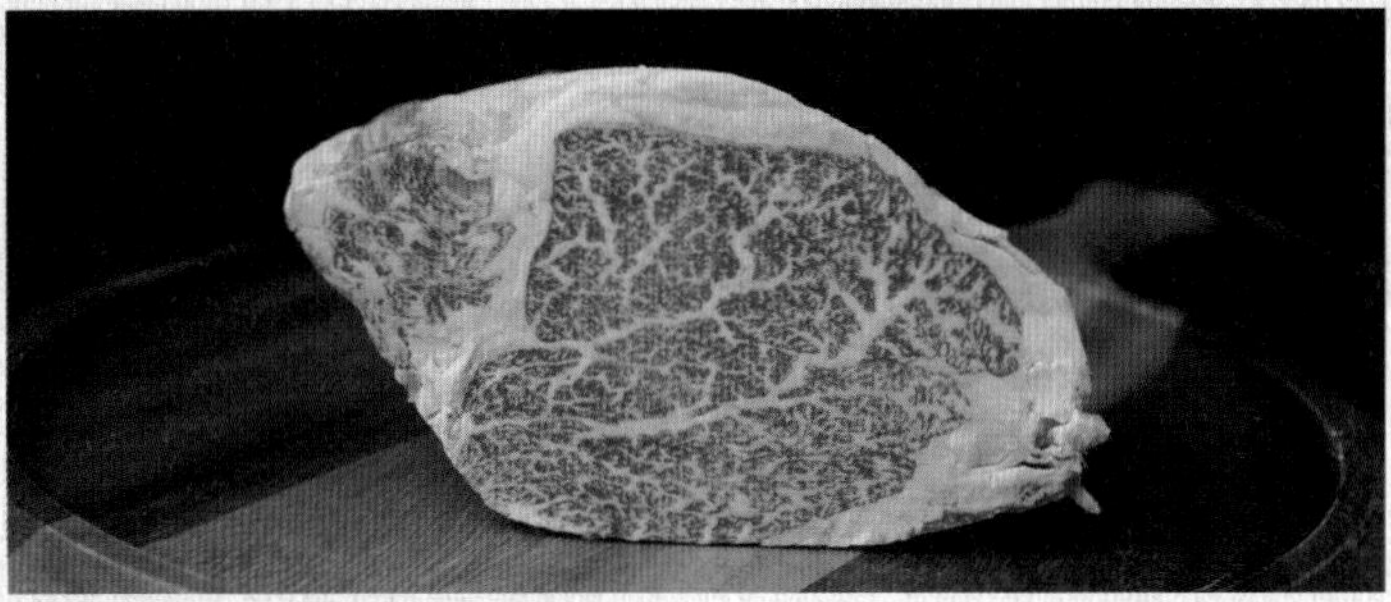

GIFT

熨斗掛けも無料で承っておりますので、ご希望の方は詳細を購入画面の「備考欄」にご記載下さい。

INFORMATION

■営業時間：8：00～17：00
■定休日：水曜日、日曜日、祝日
商品は全て送料込み、税込みの価格です

※できる限り品質の良い状態で商品を受け取っていただくために、お届け時間の指定をお願いしております。購入画面の「備考欄」にご記載下さい。ただし、到着時間はあくまでも「配送時の希望」として発送いたしますので、必ずしもご希望に添えない場合がございます。

NIKUSHO HANAFUSA

購入はこちらから！

和牛を極める
はなふさ

万葉牛
生産流通組合
TOTTORI INABA MANYOGYU

鳥取いなば
万葉牛 解体新書

2024年（令和6年）4月11日　発行

著・発 行　万葉牛生産流通組合
発　　売　今井出版
印　　刷　今井印刷株式会社

ISBN 978-4-86611-390-6

※掲載している指定生産者・指定登録店は2024年3月現在のものです

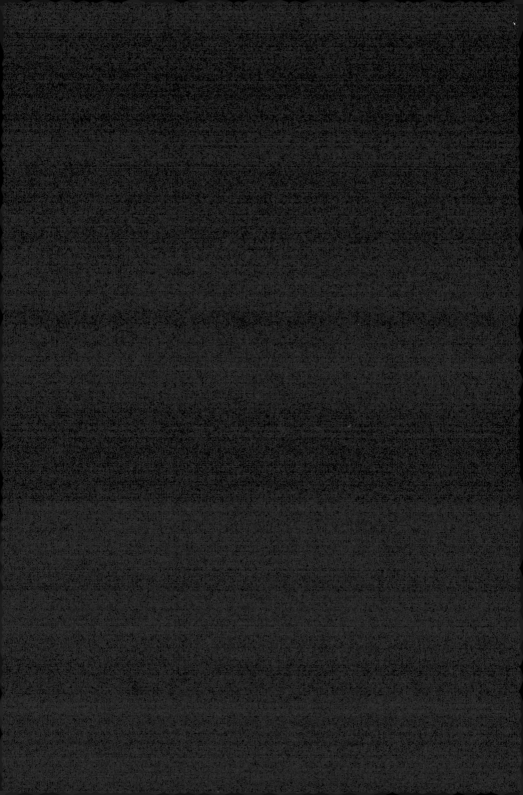